SHENMI
DE TAIKONG
SHIJIE CONGSHU

神秘的太空世界丛书

人类的航天历程

刘芳 主编

APTIME
时代出版

时代出版传媒股份有限公司
安徽文艺出版社

图书在版编目（CIP）数据

人类的航天历程 / 刘芳主编. — 合肥：安徽文艺
出版社，2012.2（2024.1重印）
（时代馆书系·神秘的太空世界丛书）
ISBN 978-7-5396-3977-2

Ⅰ. ①人… Ⅱ. ①刘… Ⅲ. ①航天－青年读物②航天
－少年读物 Ⅳ. ①V4-49

中国版本图书馆 CIP 数据核字(2011)第 247460 号

人类的航天历程
RENLEI DE HANGTIAN LICHENG

出 版 人：朱寒冬
责任编辑：宋潇婧　　　　　　装帧设计：三棵树　文艺

出版发行：安徽文艺出版社　　www.awpub.com
地　　址：合肥市翡翠路 1118 号　邮政编码：230071
营 销 部：(0551)3533889
印　　制：唐山富达印务有限公司　电话：(022)69381830

开本：700×1000　1/16　印张：10.75　字数：165 千字
版次：2012 年 2 月第 1 版
印次：2024 年 1 月第 4 次印刷
定价：48.00 元

前　言
PREFACE

著名思想家康德曾经说过："世界上只有两样东西是值得我们深深景仰的，一个是我们头上的灿烂星空，另一个是我们内心的崇高道德法则。"

不管是出于景仰、好奇，还是源自征服和占有的本能，很早的时候，人类就开始探索自己头顶上神秘的星空，产生了遨游太空的梦想。伴随着古代火箭的发展、16世纪以来科学技术的进步、现代工业的兴起，人类从幻想转向了科学探索。从最早的航天器——风筝，到热气球、飞艇、飞机，人类不断地创造新的高度。直到牛顿提出万有引力和宇宙速度的发现，人类才掌握了飞出地球的理论。19世纪末20世纪初，一些工业比较发达的国家出现了一批航天先驱者。他们开始研究和解决航天的科学理论和工程技术问题，还着手设计和试验火箭。经过大约半个世纪的努力，人类终于把人造地球卫星送入太空，从而开创了航天纪元。

自从1957年第一颗人造卫星上天以来，美国、法国、日本、中国、英国等国家先后开始研制运载火箭，修建大型航天器发射场，设计、制造和发射人造地球卫星，掀起了航天热潮。尤其是美国和苏联，在冷战时期，更是如同竞赛一般，争先发展航天科技，取得了一系列令人瞩目的成果——人类首次飞出地球，人类首次登上月球，太空实验室的建立，航天站能在太空持续运行58个月，航天员在太空的持续飞行时间长达236天22小时50分……

冷战结束后，航天探索活动依旧继续，尤其是进入21世纪以来，航天探索更是引起了许多国家的关注。如今，空间探测器已经成功地考察了太阳系的许多行星，实现了在金星和火星上软着陆，探测了水星、木星、土星。几十年的航天活动促进了国民经济的发展和科学技术的进步，对人类社会生活也产生了深远的影响。同时，航天活动的巨大成就，进一步刺激了人类的幻想，一些人甚至提出了在月球、火星建立基地的想法。他们设想，在将来的某一天，人类可以在那里生活、进行航天探索……

"地球是人类的摇篮，但是人类不会永远生活在摇篮里。""人类不断地争取着生存世界和空间，起初小心翼翼地穿出大气层，然后就是征服整个太阳系。"有"航天之父"之称的俄罗斯科学家齐奥尔科夫斯基的话，鼓舞了许多科学家、航天员，也将鼓舞着我们把航天活动推向下一个高峰。

Contents 目 录

不能忘记的航天功臣

人类从天空到太空的征程

RENLEI CONG TIANKONG DAO TAIKONG DE ZHENGCHENG

自古以来，飞天就一直是人们的梦想。在中国，人们很早就开始制作木鸟，以此寄托人类渴望在空中飞行的梦想，而被称为人类最早飞行器的风筝的起源就和木鸟有关。但是，其并不能把人类带上天空，直到热气球被发明，人类才实现了在空中飞翔的梦想。1927年，美国人格雷乘气球升空，创造了12900米的高度纪录，1933年，"苏联1"号气球升高到19000米；同年苏联又创造了22000米的新纪录。后来飞艇、飞机的出现使人类创造了一个又一个的高度。

人类并没有把目光局限于天空，在航空成就的基础上，人类开始了航天探索。1957年10月4日晚，世界上第一颗人造地球卫星"斯普特尼克1"号在苏联的拜科努尔航天发射场发射成功，这标志着人类航天时代的真正到来，人类在飞天的道路上越走越远。

古人的飞天梦

从古到今，人类一直梦想有朝一日能飞上天空，像鸟儿一样自由地飞翔。古人们对鸟儿具有的这种天才而神奇的本领非常地着迷，认为人类也一定能学会飞翔，于是，古人们便做了许多在我们今天看来十分可笑的事情。

人类对鸟的崇拜，体现在古今中外许许多多的神话故事之中。在我国的古代，人们就塑造出了"天马"的形象，它的两边长着像鹰一样雄健的翅膀，古希腊的太阳神，也被描绘成头戴翼帽、脚蹬飞鞋的样子。除此之外，还有很多诸如《天方夜谭》中飞毯的传说。

不过人类并没有停留在幻想上，有不少令人看起来是"愚人"的先驱，做出了不计其数的惊人尝试。

1900多年以前，我国西汉的一位"飞行家"，在当时的国都长安举行了一次飞行表演。这个人用大鸟身上的羽毛做成翅膀，据说飞行了数百步远。

不过也有人并没有这么幸运。一个名叫约翰·达米安的青年人，用鸡的羽毛做成了一个像鸟一样的翅膀。他希望用这副有趣的翅膀，从苏格兰飞到法国。有一天，他信心十足地站在苏格兰的斯特林城堡的高墙上，展开翅膀，扇动着跳了下去……

扑翼飞机

奇迹没有产生，他坠地并摔断了大腿骨。尤其可笑的是，他并不认为他的这种行为是愚蠢的，却将飞行失败归咎于没有使用老鹰的羽毛做翅膀，因为他认为鸡属于不会飞行的地面禽类。

17世纪时，一位土耳其人自制了一副飞翼，从高楼上跳下，据说很幸运地飞行了好几千米远。

同样是另一位土耳其人，他没用飞翼，而是穿上一件宽大的斗篷，里面用硬枝条撑着，希望能像蝙蝠一样飞行。飞行中，斗篷内的一根枝条折断，斗篷无法撑开，他便坠地而亡了。

有的人认为双臂没有劲，靠双臂扇动翅膀是飞不上天的。于是，便有人用双腿绑上翅膀，用脚蹬着试图飞行。

意大利文艺复兴时期的著名艺术家达·芬奇，对鸟类和蝙蝠的飞行进行了观察和研究，设计出了一种用脚蹬来扑动翅膀的"扑翼飞机"，然而，也没有成功。

为什么人类即使有了像鸟一样的翅膀，还无法飞行呢？道理很简单，人类没有鸟类那样发达的胸部肌肉，那样快的心脏跳动和新陈代谢功能，也没有鸟儿一样光滑的流线型体形。

一只鸽子大约340克，所发出的飞行功率为0.0256马力，相当于每千克体重发出0.075马力（1马力=735.499瓦），它的胸肌约占体重的1/5。而人类最好的运动员，能发出的功率为0.5马力，按70千克体重计算，每千克体重不过0.021马力，仅为鸽子的1/4。如果人想仅仅凭借自身的力量飞行，还需要长15千克的胸肌和臂肌，胸部的骨头也要向外突出1米才行。另外，人类的心脏相比鸟类要弱一些。人的心脏仅仅占整个体重的0.5%，而鹫鸟的心脏却占其自身体重的8%之多，可以做许多飞行特技的小蜂鸟，心脏竟占整个体重的22%。

由此，人们可以得出结论，人是无法靠自己的力量作扑翼飞行的。

人类最早的飞行器

人们都知道，飞机的发明者是美国的莱特兄弟。但是，世界公认的最早的飞行器则是我国的风筝。在美国华盛顿宇航博物馆的大厅里就挂着一只中国风筝，上面写着："人类最早的飞行器是中国的风筝。"

风筝，古时称为"鹞"，北方谓"鸢"。大多数人认为风筝起源于中国，而后广传于全世界，是一种传统的民间工艺品。实际上，中国最早出现的风筝是用木材做的。春秋战国时，东周哲人墨翟（前478～前392），曾费时3年，以木

中国古代最早发明了风筝

制木鸢，飞升天空。

墨子在鲁山（今山东潍坊境内），"斫木为鹞，三年而成，飞一日而败"。这是说墨子研究试制了 3 年，终于用木板制成了一只木鸟，但只飞了一天就坏了。墨子制造的这只木鹞是世界上最早的风筝（约纪元前 300 年），距今已有 2400 年。

墨子把制风筝的事业传给了他的学生公输班（也称鲁班），《墨子·鲁问篇》中说，鲁班根据墨翟的理想和设计，用竹子做风筝。鲁班把竹子劈开削光滑，用火烤弯曲，做成了喜鹊的样子，称为"木鹊"，在空中飞翔达 3 天之久。《鸿书》上说："公输班制木鸢以窥宋城。"

直至东汉期间，蔡伦发明造纸术后，坊间才开始以纸做风筝，称为"纸鸢"。因此可以推断，中国风筝已有 2000 年以上历史了，我国古时还有许多有关风筝的故事。

公元前 190 年，楚汉相争，汉将韩信攻打未央宫，利用风筝测量未央宫下面的地道的距离。而垓下之战，项羽的军队被刘邦的军队围困，韩信派人用牛皮做风筝，上敷竹笛，迎风作响（一说张良用风筝系人吹箫），汉军配合笛声，唱起楚歌，涣散了楚军士气，这就是成语"四面楚歌"的故事。

公元前 202 年，楚汉战争，汉王刘邦率军追击楚王项羽至阳夏（今河南省太康县）以南停止，遂派人与韩信、彭越约定日期会师击楚。韩信从齐国出兵，刘贾从寿春（今安徽省寿县）与韩信并行南下攻破城父（今安徽省亳州市东南的城父村），进兵至垓下（今安徽省灵璧县东南）。这时，楚国的大司马周殷叛楚，利用舒（今安徽省舒城县）地灭亡六（今安徽省六安县）地，出动习江郡的部队跟随刘贾、彭越会师于垓下。

项羽退驻垓下，兵少粮尽，刘邦的军队和诸侯的军队把他重重包围。为了尽快攻入垓下城，捉拿项羽，淮阴侯韩信制作了一只奇巧的大风筝，启奏汉王刘邦，让张良（子房）乘坐风筝飞上天空，高唱楚歌。同时，让围城的汉军也唱起楚歌。歌声传入垓下城中，楚军将士听到楚歌触景生情，纷纷思念家乡、想念亲人，无心作战。

项羽在帐中"夜闻汉军四面楚歌",非常吃惊地说:"汉皆已得楚乎!是何楚人之多也!"项羽只好率领部下800余人突围南逃,汉军骑将灌婴带领5000骑兵紧紧追赶。项羽逃至乌江边,仅剩骑兵十余人,自知兵败,不能再与刘邦抗争,于是拔剑自刎而死。

这就是"垓下之战汉军借助风筝瓦解楚军"的故事。

➤➤➤ 知识点

各国风筝的特点

虽然对于风筝的起源有不同的看法,但是大多数人还是认为风筝的起源在中国,大约在8世纪时传播到世界各国。

一般而言,由于亚洲地区盛产竹材,适合各种自由曲线的结构设计,并且与神话传说相结合,所以风筝造型千变万化且富个人色彩;而西方国家因为缺少竹材而以玻纤或碳纤为材料,在风筝造型及色彩上力求鲜明、简洁,多以单纯的色块来表现。

不过由于材料、气候和民俗习惯的差异,而演化出各式各样、形态多变的风筝,例如北方的沙燕传到东南亚后,就转化成马米西业、印尼、菲律宾、印度、泰国等各型月筝;而硬拍和"米"字结构传到韩国发展成风穴风筝,传到日本,则以浮世绘风格传扬于世。

人类首次飞上天空

如果纺织品的纤维织得够密,并用树胶或其他物质做成的原始涂料又将其涂得没有缝隙的话,人类在5000年前就可以发明热气球,乘热气球在空中遨游。可是热气球直到1783年才研制成功——这简直出乎人的意料。

18世纪初,人们根据热空气比冷空气轻的原理,以热空气作为浮升气体来制作气球升空。1709年8月8日,在葡萄牙国王的王宫里,一位基督教牧师古斯芒曾进行过一次热气球的表演。1731年,俄国人克良库特诺也制造过一个布质热气球，浮升到了一株桦树顶的高度。又经过几十年的试验，到1783年，热气球终于载人飞上了天空。

制造这一载人热气球的是法国的蒙特哥菲尔兄弟。1783年6月5日，他们的热气球第一次升空，上升高度约1800米，10分钟后降落，飘移了约2千米的距离。法国学术协会曾邀请他们到巴黎去表演。此后又经过多次研究和改进，到1783年9月19日，兄弟俩决心表演载"乘客"的飞行。这一天，观众有10万多人，法国国王路易十六和玛丽皇后也亲临御览。这只热气球直径约12米，是用轻质纱和纸做成的。气球下面吊挂的笼子里载着一只羊、一只鸭和一只公鸡。这只热气球飞到500米的空中，8分钟后在3千米以外降落。3个"乘客"落地后神气昂然，看来毫无损伤。于是，兄弟2人兴高采烈地宣布，下一次试验所载的乘客，将是活生生的人。

路易十六为表彰两兄弟的功绩，特授予他们圣米歇尔勋章。国王考虑这种试验危险性太大，想让已被判处死刑的囚犯来充当乘客，并声称，有愿意乘坐气球试验者，成功后即恢复他们的自由。当时，一位勇敢的法国青年罗齐尔挺身而出，向国王禀道，不能把人类第一个升空的荣誉给一名罪犯，他本人愿充当乘客，即使死去也在所不惜。这位青年在巴黎也有点名气，他有一项当时被认为是惊人的杂技表演，就是他先吸一口氢气，含在口中，然后趁吐出之际，用一支雪茄把它点燃。罗齐尔又找到他的一位朋友阿兰德斯，两人决心同去冒险。国王鉴于两位青年的热情，终于同意他们两人乘热气球升空。

这个人类历史上第一个载人的气球，上下长约24米，球体中间最宽处直径约15米，呈椭圆形。气球下方悬一金属火盆，环绕火盆的则是用柳条编的载乘客的吊篮，乘客坐在吊篮里，能不断向盆中添加燃料。

早期的热气球升空图

1783 年 11 月 21 日，人类第一个载人气球升空，这一惊人之举轰动了当时的巴黎，一时十室九空，途为之塞，人们一齐拥向邦龙试验场。只见一只黄蓝二色的巨大气球，悬挂于两桅之间，下面正燃着熊熊烈火。下午 1 时 45 分，路易十六的攻城大炮一声巨响，立在气球下的蒙特哥菲尔兄弟挥舞大刀砍断缆索，气球向空中飘去。

根据记载，这一气球在空中飞行了 25 分钟，飞行高度约 900 米，最后在巴黎近郊一块麦地里安全降落。两人从塌缩的球囊下爬出，毫无损伤，两人彼此握手，互相道贺终于又活着回来了。

罗齐尔和阿兰德斯成了世界上第一次飞上天空的人。

自此以后，载人气球飞行便在巴黎和其他欧洲大城市中盛行起来。但阿兰德斯对此兴趣大减，从此不再参加此项试验。罗齐尔却乐此不疲，置未婚妻的苦苦哀求于不顾，继续进行飞行试验，他甚至立下雄心壮志要横越英吉利海峡。

不幸的是，1785 年 6 月 15 日，罗齐尔在试用热气和氢气共同浮升气球时，气球起火坠毁，结果罗齐尔获得了航空史上的另一个第一——第一个死于航空器事故的人。

一代空中霸主——飞艇

在热气球成功升空之后，人们开始尝试为气球安装动力，因为人这种动物，要作为有推进作用的"发动机"力量太小了。也正是基于这种想法，诞生了在空中称霸一时的飞艇。

飞艇是可操纵的轻于空气的航空器，它由巨大的流线型艇体、位于艇体下面的吊舱、起稳定控制作用的尾面和推进装置组成。艇体的气囊内充满了密度比空气小的浮升气体，如氢气或氦气，借以产生浮力使飞艇升空。一般来说，飞艇按其气囊的不同大致可分三类：第一种是软式飞艇；第二类是硬式飞艇；第三种是半硬式飞艇。

不少形状各异的飞艇模型构想相继诞生，不过由于这样那样的原因而没有实现。最早的飞艇是法国工程师吉法德首先制造成功的，它虽然能够升到

吉法德的第一艘飞艇

空中，但由于原始的蒸汽机还相当不完善，动力性能相当令人失望。早期软式飞艇的气囊要靠充气的压力才能保持外形。此外，它飞得又慢又低。

1890年，德国陆军中将齐柏林伯爵一退役就开始研制新型飞艇的工作。他使用铝材作飞艇的骨架使气囊始终保持一定的形状，气囊内还有许多个分隔的小气囊，这使飞艇的安全性有了提高。飞艇呈雪茄形，长129米，直径11.6米，框架由一根纵向龙骨，24根木桥条、大量的纵向和径向的张线组成，框架外面蒙有防水布，分前、后2个舱室，各装有16马力的发动机。艇内有16个气囊，容积为22500立方米，载重量为8700千克，总升力达13吨，升限为2500米，内部填充氢气和煤气，这是世界上第一艘硬式飞艇。

直到硬式飞艇出现以后，飞艇才进入实用阶段。

1901年，一位侨居法国的巴西人桑托斯·迪蒙德第一个把汽车发动机装上了飞艇，然后他驾驶着自己设计制造的飞艇从巴黎近郊出发，在不到30分钟的时间里，成功地绕埃菲尔铁塔进行了11千米的飞行。至此，飞艇的动力性能大大增强。

飞艇的发明引起了德国的注意并很快被引入战场，飞艇从此成为最早用于战争的航空器。1915年，德国出动了LZ－38型齐柏林飞艇对英国进行了首次空袭，一时间，在英国民众中造成了很大恐慌。在整个战争期间，德国飞艇共对英国进行了208架次的空袭，投下的炸药达200多吨。

齐柏林硬式飞艇

当时飞机虽然诞生了，但不管在飞行高度还是机载武器上，飞机对飞艇都构不成威胁。然而，德国在 1917 年却被迫放弃了飞艇战，主要原因是参战飞艇损失严重。尽管当时飞机无力拦截强大的飞艇，但是海上变化无常的天气却能够阻止这些德国空中巨物去英国"串门"。在齐柏林飞艇空袭伦敦之后不久，一架英国皇家海军的战机在比利时上空拦截住德军的一艘飞艇，攀升到飞艇之上，并用炸弹将其击落，造就了齐柏林飞艇的首败记录。

1916 年之后，飞机击败飞艇的成功率大大增加，这要归功于几种新型航空机枪子弹和燃烧弹的问世。在投入空袭的齐柏林飞艇中，共有 80 架毁于炮火或者恶劣的天气。

第一次世界大战前后是飞艇发展较快的时期，英国和法国使用小型软式飞艇执行反潜巡逻任务。德国则建立了齐柏林飞艇队，用于海上巡逻、远程轰炸和空运等军事活动。飞艇体积大、速度低、不灵活、易受攻击，同时由于飞机性能的不断提高，军用飞艇逐渐被飞机所取代，但飞艇的商业飞行仍有发展。

1929 年德国制成的大型飞艇"兴登堡"号，长 245 米，直径超过 41 米，总重 206 吨，曾 10 次往返飞行于美国和德国之间，运送旅客 1000 多人。

英国和法国也先后参照齐伯林式飞艇制造了本国的大型飞艇"R－100"号和"阿克隆"号。这时的飞艇大都使用氢气作为浮升气体，易燃易爆，很不安

"兴登堡"号飞艇

全。1937 年，"兴登堡"号在着陆时因静电火花引起氢气爆炸，35 人遇难。英、美也有多艘大型飞艇相继失事，此后飞艇的发展陷于停滞状态。

20 世纪 70 年代以来，由于科学技术的进步，飞艇改用安全的氦气，其发展又呈活跃。采用多种新技术的新型飞艇被用于空中摄影摄像、巡逻等方面，洛杉矶、汉城和巴塞罗那奥运会和北京亚运会都可在会场上空看见它的身影。

19 世纪 80 年代后期，人们开始使用汽油发动机来做实验飞艇的动力。

在飞艇逐渐统治者广袤天空的同时，飞机的诞生开始向这种空中霸王发出挑战。到 20 世纪 30 年代，在飞机逐渐地完善化和实用化的同时，飞艇却先后发生了若干次艇毁人亡的灾难，这使得飞艇在它诞生后不到一个世纪就被飞机取代了位置。

飞得更高：飞机的出现

尽管人们很早就模仿鸟类，制造出了各式各样、千奇百怪的飞行器，如滑翔机、扑翼机等等，但它们都不是真正的飞机，只能像风筝一样，靠风的力量起步，在天空飞行。如果天空中无一丝的风，它们就无法上天，更谈不上在天空翱翔了。

翻开人类的航空历史，就会发现世界上第一架真正的飞机，是由美国的莱特兄弟发明和制造的，至今已有 100 多年的历史。

在 20 世纪初的 1900 年，美国俄亥俄州的代顿市，有一对开自行车商店的兄弟，他们当时 30 多岁，兄长叫威尔伯·莱特，弟弟名叫奥维尔·莱特。他们经营自行车的制造和销售已有多年，有了一些钱并积累了一些制造方面的经验。于是，他俩便开始将注意力转向制造飞行器，以满足和了却兄弟俩从少年时代起就萌发的在天空飞行的夙愿。

当时，人们制造的飞行器只是一些类似风筝一样的滑翔机和一些不能飞起来的扑翼机，没有任何真正有用的经验。图书馆里少有的几本书也是错误百出。但这时人们的确发现了一个有用的真理：拱形的物体可以在流动的空气里获得升起来的力量。莱特兄弟一开始就注意到了这一点。

他们首先制造了一架双翼风筝式滑翔机，像放风筝一样被放到了空中。不过，这架滑翔机是无人驾驶的，依靠绳子来操纵，可以转弯和依靠风的力量爬升。莱特兄弟将这架飞机的机翼做得弯弯的，就像老鹰展开的翅膀。为了产生更大的升力，机翼做成了上下两层。当时，他们不知道，并不是多层机翼就一定会产生更大的升力，即使是升力大了，因为多层机翼制造需更多材料，而增加的重量也可能将这部分增加的升力抵消掉。

为了进一步掌握操纵飞机的道理，他们造出了另一架靠人操纵的滑翔飞机。不过，这种飞机的样子很怪，它的升降舵不像现代飞机那样装在飞机的尾巴上，而是装在双层机翼的前面，也没有什么驾驶舱，驾驶员爬在机翼上，依靠移动身体的位置来操纵滑翔机飞行。起飞的方法也十分可笑，一人抓住一个机翼，迎着狂风向前猛跑，就像放风筝一样。时常是在飞行中稍不小心，就从空中栽下来，不过好在升降舵装在飞机的前面，飞机坠地时，可以起到缓冲作用，使莱特兄弟不受伤害。他们进行了上千次的滑翔飞行，也不知从空中摔下了多少次，从这些飞行和失败中积累了许多宝贵的经验。

1903年夏天，莱特兄弟在对200多个机翼剖面进行反复的实验比较后，制造出了一架机翼长达10米，面积有29平方米的飞机，并第一次将一台可以产生12马力（1马力=735.499瓦）的发动机装在飞机上，用来带动一个直径2.55米的木头做的螺旋桨，从而产生向前飞行的拉力。12马力就好比12匹马在拉着飞机向前跑。

这第一架飞机在1903年的冬天作了第一次飞行。飞机没有装起飞着陆的轮子，莱特兄弟发明了一个奇特的起飞装置，使飞机弹射起飞。他们将飞机放在20米长的滑槽上，用绳子拴住飞机，绳子的另一头系在木制塔楼上的一个重物上，比如一块大石头或者一大麻袋的泥土。当重物从高高的塔楼上落下时，就牵引着飞机高速地从滑槽上飞起来，颇有点像我们今天看到的在航空母舰上飞机的"弹射起飞"。

人类第一次真正飞机的飞行是具有特别意义的，即使是莱特兄弟这样两个亲密无间的人，都因为究竟该由谁第一个操纵它而争执不下，兄弟俩只好以掷硬币的方式决定谁先飞。结果是兄长威尔伯赢了，但他却未能成为这架飞机的第一个飞行员，因为在起飞时，他操纵失误，飞机刚起飞便一头栽到了沙滩上。

这架名叫"飞鸟"的飞机在轮到弟弟奥维尔试飞时，却表现得十分出色。1903年12月17日早晨，奥维尔·莱特成为第一个驾机实现连续操纵飞行的人。这次具有历史意义的飞行总共只有12秒的时间，飞行的距离也不过36米多远，但这毕竟是人类的首次飞行纪录，是人类的第一次随心所欲的自由飞行。同一天，接着的第三次飞行，持续了59秒，飞行了255米远，人类从此进入飞行时代。

此后，莱特兄弟又对飞机进行了无数次的改进。1905年，他们制造的飞机，不仅能任意倾斜、转弯，还可以毫不费劲地在空中做划圆圈和"8"字飞行。1908 年，莱特兄弟驾驶着他们新制造的装有一台 30 马力功率的发动机、两副螺旋桨的飞机，在法国进行了一次公开表演，飞行速度为 60 多千米/时，比当时的火车速度快 2 倍，引起了全世界的轰动。

莱特兄弟的飞机进入欧洲以后，欧洲的飞行先驱将它进行了巨大的改进，将升降舵移到了飞机机翼的后面，也就是尾巴上，这就是今天飞机的"雏形"。最后一架莱特飞机的改进型出现在 1915 年，它装有一台 70 马力的发动机，能用于军事侦察飞行，这大概是第一架军用侦察飞机。

完全由本身动力所驱动的第一架载人飞机，是由法国人克莱门特·艾德尔所制造。1890 年 10 月 9 日，在法国阿尔曼维利耶，他驾驶那架"埃奥利"号飞机，首次飞行了约 50 米。这架飞机的动力系统是一台由克莱门特·艾德尔自己设计的 20 马力（15 千瓦）的轻型蒸汽发动机。

据英国皇家航天学会资料表明，1717 年在瑞典出版了最早的飞行机器"合理设计"，作者是瑞典的伊曼纽尔·斯韦登伯格。

世界上翼展最大的飞机要属"云杉木鹅"号木制飞机了，它的翼展为 97.51 米，但它飞行还不到 914.4 米。1982 年，一辆大型起重机将它吊过了美国加利福尼亚州的长滩的港湾，移动了 9.66 千米，并将它安放在一个顶盖直径为 213.36 米的建筑物内，成为走向博物馆的一个通道。它的旁边是"玛丽女王"号客轮，1936 ~ 1940 年，"玛丽女王"号客轮曾是世界上最大的客轮。现在停泊在长滩的 J 号码头。人们可以在几小时内在几米远的距离内观看这两个世界纪录的创造者。

"云杉木鹅"号由其制造者霍华德·休斯（1905—1976）驾驶试飞。休斯后来成为一名传奇式的大富豪隐士。1947 年 11 月 2 日，他启动了这架飞机上的 8 个螺旋桨发动机，将 213 吨重的飞机从水面上滑行起飞，使其飞到了 21.43 米高度，只飞行了 914.4 米，发动机熄火后就降落到港口里，再没有飞起来。休斯为造这架飞机花费了 4000 万美元。

知识点

飞机的飞行高度

通常飞机在对流层飞行，短航线的飞机一般在 6000 米至 9600 米飞行，长航线的飞机一般在8000米至12600米飞行。

运输飞机一般在7000米以上飞行，那里复杂天气现象少，并尽可能在平流层巡航。个别高空战斗机或侦察机可以在同温层巡航。航天飞机可以飞入电离层。

不断发展的火箭技术

火箭起源于中国，是中国古代重大发明之一。火箭的发展有着漫长的历史，古今火箭有一定差别，但原理基本相同。火箭点火后，内部燃料迅速燃烧，从尾部向后喷出，在反作用力的推动下火箭向前飞行。

古代火箭是一种以火药为动力的远射兵器，是现代火箭的起源。世界公认火箭由中国首先发明。公元969年，北宋军官岳义方、冯继升造出了世界上第一种以火药为动力的飞行兵器——火箭。

"火箭"一词根据古书记载，最早出现在公元3世纪的三国时代，距今已有1700多年的历史了。当时在敌我双方的交战中，人们把一种头部带有易燃物、点燃后射向敌方、飞行时带火的箭叫做火箭。这是一种用来火攻的武器，实质上只不过是一种带"火"的箭，在含义上与我们现在所称的火箭相差甚远。唐代发明火药之后，到了宋代，人们把装有火药的筒绑在箭杆上，或在箭杆内装上火药，点燃引火线后射出去，箭在飞行中借助火药燃烧向后喷火所产生的反作用力使箭飞得更远，人们又把这种喷火的箭叫做火箭。这种向后喷火、利用反作用力助推的箭，已具有现代火箭的雏形，可以称之为原始的固体火箭。

我们无法确定火箭发明的确切时间。大部分专家认为中国人早在13世纪就研制出了实用的军用火箭。19世纪出现了几项重大技术进步：燃料容器的纸壳改为金属壳，延长了燃烧的持续时间；火药推进剂的配方标准化；制造出发射台；发现了自旋导向原理等等。

19世纪末，火箭开始用于非军事目的。19世纪末20世纪初，美国科学家戈达德和其他几位专家奠定了现代火箭技术的基础，并发射了第一枚液体燃料火箭。

"土星 5" 号火箭启程登月时，5 台发动机每秒消耗近 3 吨煤油，它们产生的推力相当于 32 架波音 747 飞机的起飞推力。

20 世纪 70 年代，美国研制出全新的火箭动力航天运载工具即航天飞机。它主要分 3 个部分：机身后部装有 3 台主发动机的轨道飞行器；装有液氢和液氧推进剂的外挂燃料箱（5 分钟后脱落），保证主发动机工作；装有 2 台可分离的固体燃料火箭发动机（2 分钟后脱落），它们与轨道飞行器主发动机同时启动，提供初始升空阶段的推力。1981 年 4 月 12 日，人类第一架航天飞机 "哥伦比亚" 号发射升空。

中国古代火箭技术传到欧洲之后，经过改进，曾被列为军队的装备。早期的火箭射程近、落点散布大，以后被火炮代替。第一次世界大战后，随着科学技术的不断进步，火箭武器得到迅速发展，并在第二次世界大战中发挥了威力。

19 世纪 80 年代，瑞典工程师拉瓦尔发明了 "拉瓦尔喷管"，使火箭发动机的设计日臻完善。19 世纪末 20 世纪初，液体火箭技术开始兴起。1903 年，俄国的 K.E. 齐奥尔科夫斯基提出了制造大型液体火箭的设想和设计原理。1926 年 3 月 16 日，美国的火箭专家、物理学家 R.H. 戈达德试飞了第一枚无控液体火箭。1944 年，德国首次将有控的、用液体火箭发动机推进的 V–2 导弹用于战争。1931 年 5 月，德国科学家赫尔曼·奥伯特领导的宇宙航行协会试验成功了欧洲的第一枚液体火箭。到了 1932 年，德国军方在参观该协会研制的液体火箭发射试验之后，意识到火箭武器在未来战争中具有的巨大潜力，便开始组织一批科学家和工程技术人员，集中力量秘密研制火箭武器。到 40 年代初，德

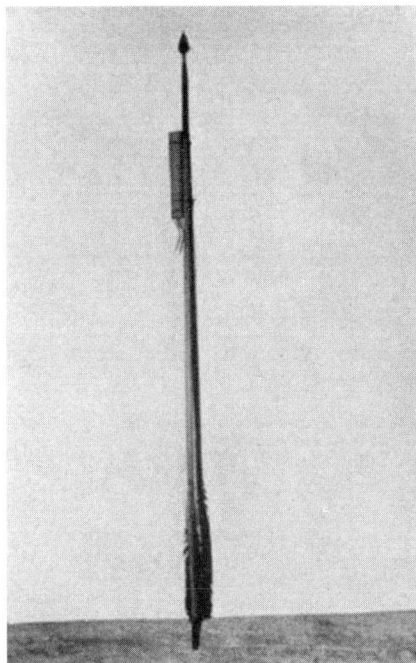

宋代的火箭模型

国在第二次世界大战中期，先后研制成功了能用于实战的 V-1、V-2 两种导弹。其中 V-1 是一种飞航式有翼导弹，采用空气喷气发动机作动力装置；V-2 是一种弹道式导弹，采用火箭发动机作动力装置。第二次世界大战以后，苏联和美国等相继研制出包括洲际弹道导弹在内的各种火箭武器。

中国于 20 世纪 50 年代开始研制新型火箭。1970 年 4 月 24 日，用"长征 1"号三级运载火箭成功地发射了第一颗人造地球卫星。1975 年 11 月 26 日，用更大推力

"哥伦比亚"号航天飞机

的"长征 2"号运载火箭发射了可回收的重型卫星。1980 年 5 月 18 日，向南太平洋海域成功地发射了新型火箭。1982 年 10 月，潜艇水下发射火箭又获成功。1984 年 4 月 8 日，用第三级装液氢、液氧火箭发动机的"长征 3"号运载火箭成功地发射了地球同步试验通信卫星。1988 年 9 月 7 日，用"长征 4"号运载火箭将气象卫星成功地送入太阳同步轨道。1992 年 8 月 14 日，新研制的"长征 2"号 E 捆绑式大推力运载火箭又将澳大利亚的"奥赛特 B1"卫星送入预定轨道。这些都表明火箭发源地的中国，在现代火箭技术领域已跨入世界先进行列，并稳步进入国际发射服务市场。

在发展现代火箭技术方面，中国的钱学森、德国的冯·布劳恩和苏联的 S. P. 科罗廖夫·齐奥尔科夫斯基等都做出了杰出的贡献。

知识点

火箭的分类

火箭可按不同方法分类。按能源不同，分为化学火箭、核火箭、电火箭

以及光子火箭等。化学火箭又分为液体推进剂火箭、固体推进剂火箭和固液混合推进剂火箭。按用途不同分为卫星运载火箭、布雷火箭、气象火箭、防雹火箭以及各类军用火箭等。按有无控制分为有控火箭和无控火箭。按级数分为单级火箭和多级火箭。按射程分为近程火箭、中程火箭和远程火箭等。火箭的分类方法虽然很多，但其组成部分及工作原理是基本相同的。

牛顿和宇宙速度

　　自从航天技术问世以来，它的第一个世人瞩目的成就就是把人造地球卫星发射到太空去。1957 年 4 月，苏联发射了第一颗人造地球卫星，从此人类开始了进军宇宙的历史，人造地球卫星也成了我们研究太空的得力帮手。

　　在太空飞行中，人造卫星能够完成各种使命，是神通广大的。但是怎样才能使卫星围绕地球转动而不掉下来呢？又怎么能使卫星飞离地球到达其他星球呢？这一切问题还要从牛顿说起。

牛顿和苹果

　　说起牛顿就不能不说他和苹果的故事。

　　一天，牛顿正坐在一棵苹果树下面思考问题。当他正入迷地思索之时，脑袋上突然被重重地砸了一下。

　　牛顿的思维一下被打断了，他感到十分恼火，于是就向周围看去，想知道是谁捣的鬼。可他看了半天，周围哪有人啊。这时他瞥见了离他不远的地上有一个大苹果，于是他马上明白了一切。牛顿上前把苹果拿了起来，突然产生了一个疑问。别小看这个疑问，却导致了一个伟大定律的诞生。

　　其实这个问题很简单，我们大多数人却都忽略了，那就是，这个苹果为什么砸在我的脑袋上？顺着这个问题思索，最后牛顿终于发现：在任何两个物体之间都存在相互的吸引力，不管是人和动物，还是人和地球之间，这个吸引力都是存在的，而且它的大小还有一个规律。牛顿把它总结了出来，于是就有了万有引力定律。

　　这个定律说，任何两个物体之间都存在着相互的吸引力。一般来说，物体质量越大，它们之间产生的吸引力就越大，比如地球的质量就非常之大，所以它才能把人牢牢地吸引住；而且物体之间距离越近，它们所产生的吸引力也越大，比如你站在地球上而我站在月球上，那么地球对你的吸引力要比对我的吸引力大得多。

因为万有引力的存在，所以我们向天上扔一个石块，不管你有多大劲，最终它还是要落到地面上，但是我们也有这样的经验，你用的力越大，石块飞得就越高和越远。

三个宇宙速度

进一步设想，如果我们使石块的速度再加大，当大到一定的程度会怎样呢？

这时奇迹就发生了，石块不再落到地面上，而是围绕地球飞行，我们就可以称这个围绕地球飞行的石块为地球卫星。

第一宇宙速度

由此可以得出一个结论：要让一个物体成为人造地球卫星，首先要使它达到一定的速度。那么这个速度要多大呢？

经过科学家的计算，这个速度大约为 7.9 千米/秒。这就是说，一个物体被抛向天空时，如果它的速度达到 7.9 千米/秒，它就能够围绕地球不停地运转，从而成为地球的卫星。

这个速度是能成为地球卫星的基本条件，通常我们称它为第一宇宙速度，也称为环绕速度。

为什么会产生这种情况呢？

这是因为当一个物体围绕某一点转动时会产生一个力，这个力就叫做离心力。随着速度加快，离心力会越来越大。杂技演员在表演水流星节目时，就是利用了这个原理。

首先，他在一根绳子的两端固定两个碗，而碗里装满了水。我们都知道，在静止的情况下，如果碗口朝下，那么水一定会洒出来，但是当演员把绳子转动起来，达到一定速度的时候，转动的碗会产生一个离心力，绳子在这个离心力的作用下就被拉直了，而碗里的水同样在离心力的作用下紧紧地贴在碗的底部，即使碗口朝下水也不会洒出来。

也就是说，转动的速度给了碗和水一个离心力，使它们企图飞向远方，但是由于绳子有拉力作用在它们上面，所以当这两个力相互平衡的时候，绳子也松不了，水也洒不出来。

卫星围绕地球转动和上面讲的水流星很相似。具有一定速度的卫星就好像是那个碗，想要飞离地球，而地球的引力就好像一根无形的绳子拉住卫星，使它不能逃离地球的吸引。这样一来卫星既不能飞离地球，也不会被地球吸引落到地面，它只能围绕地球不停地转动。

第二宇宙速度

如果卫星的速度再大会怎么样呢？

如果卫星获得的速度再大，当达到 11.2 千米/秒时，它就能脱离地球的引力，成为太阳系的一颗行星。

我们称这个速度为第二宇宙速度，或者叫脱离速度。

第三宇宙速度

速度还能再大吗？再大又会怎么样呢？

如果速度再大的话，当达到 16.7 千米/秒以上时，卫星就能脱离太阳系的怀抱，飞到其他星系去了，我们称这个速度为第三宇宙速度，或者称为逃逸速度。

这三个宇宙速度很有意思，因此请记住这三个有特殊意义的数字。

知识点

牛顿简介

牛顿是英国伟大的数学家、物理学家、天文学家和自然哲学家，其研究领域包括了物理学、数学、天文学、神学、自然哲学和炼金术。牛顿的主要贡献有发明了微积分，发现了万有引力定律和经典力学，设计并实际制造了第一架反射式望远镜等等，被誉为人类历史上最伟大、最有影响力的科学家。为了纪念牛顿在经典力学方面的杰出成就，"牛顿"后来成为衡量力的大小的物理单位。

第一颗人造卫星升空

1957 年 10 月 4 日，苏联发射了第一颗人造地球卫星。这一事件具有划时代的意义，它宣告人类已经进入空间时代。

第二次世界大战结束不久，满目战争疮痍的苏联，就着手研制洲际弹道导弹和运载火箭。也许是由于战后美苏对峙、冷战浓云密布的原因，当时的苏联政府对此十分重视。然而要搞导弹和火箭，需要有资金、技术和人才，最困难的是资金。由于苏联是二战中遭受战争破坏最严重的国家，损失了几乎 1/3 的国民财富；有 1700 个城镇和数万个乡村要重建；而且还有数百万人住在战时防空洞内，生活困苦，需要安置，因此资金奇缺。尽管如此，当局还是拨出巨款，一定要搞导弹和火箭。他们采取的第二个有效措施，就是调集全国的资源和技术力量，保证导弹与火箭研制工作的进行，特别是集中一些权威性的专家，进行大威力火箭的研制攻关。由于俄罗斯是齐奥尔科夫斯基的故乡，不乏优秀的火箭人才，研制工作在对外绝对保密的情况下，不断取得重大进展。在各项工作取得进展的同时，加强了组织协调、技术协调的工作。当时苏联曾正式宣布，在科学院天文委员会的范畴之内成立一个跨部门的星际通信协调委员会，以实现对研究工作的协调和监督。这一点是十分重要的，因为搞导弹、火箭并发射卫星，是一项极复杂的系统工程，全局的技术协调，往往比研制工作更难、更费时。

运载火箭的研制成功，不仅使苏联能够成功发射洲际导弹，而且使卫星上天成为可能。1953 年 11 月，苏联人在日内瓦世界和平大会上宣布："制造人造地球卫星是完全可能的。"这就预示苏联要研制人造地球卫星以及它的运载工具，但是并未引起人们多大注意。1955 年，美国宣布要在 1957～1958 年发射"尖兵"号地球人造卫星，当时没有人怀疑美国的能力和信心。但是，1956 年苏联的代表在一次国际会议上又提出在"国际地球物理年"期间，将把一颗人造地球卫星送入轨道。当时仍然没人注意这事。一些西方记者认为，这可能是一种心理宣传而已。实际上，苏联的人造地球卫星研制工作已接近尾声，正准备把洲际导弹改装成运载工具，供发射卫星用。

1957 年 10 月 4 日，苏联人在拜科努尔发射场用 P－7 洲际导弹改装的卫

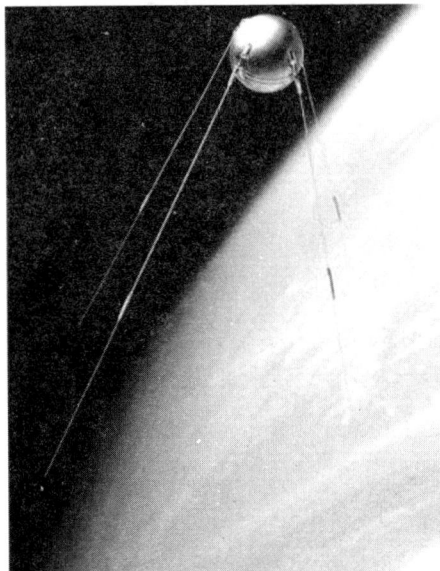

"斯普特尼克 1"号

星号运载火箭把世界上第一颗人造地球卫星"斯普特尼克 1"号送入轨道，开创了人类航天新纪元。

第一颗人造地球卫星呈球形，直径 58 厘米，重 83.6 千克。它沿着椭圆轨道飞行，每 96 分钟环绕地球一圈。人造地球卫星内带着一台无线电发报机，不停地向地球发出"滴——滴——滴"的信号。一些人围着收音机，侧耳倾听着初次来自太空的声音。另一些人则仰望天空，试图用肉眼在夜空搜索人造地球卫星明亮的轨迹。但是，当时很少有人了解人造地球卫星是载人宇宙飞船的前导。科学家正在加紧准备载人空间飞行。一个月后，1957 年 11 月 3 日，苏联又发射了第二颗人造地球卫星，它的重量一下增加了 5 倍多，达到 508 千克。这颗卫星呈锥形，为了在卫星上节省出位置增设一个密封生物舱，不得不把许多测量仪器移到最末一节火箭上去。在圆柱形的舱内安然静卧着一只名叫"莱卡依"的小狗。小狗身上连接着测量脉搏、呼吸、血压的医学仪器，通过无线电随时把这些数据报告给地面。为了使舱内空气保持新鲜清洁，还安装了空气再生装置和处理粪便的排泄装置。舱内保持一定的温度和湿度，使小狗感到舒适。另外还有一套自供食装置，一天三次定时点亮信号灯，通知莱依卡用餐。使人遗憾的是，由于当时技术水平的限制，这颗卫星无法收回。试验狗在卫星生物舱内生活了一个星期，完成了全部实验任务。科学家们只好让它服毒自杀，莱卡依成为宇航飞行中的第一个牺牲者。

苏联紧紧抓住发展大威力火箭这一关键技术，又向着把人送上太空的目标努力。把载人宇宙飞船送入空间，要求运载火箭有把数吨重的有效载荷送入地球轨道的能力，这又是一次飞跃。

苏联大威力运载火箭的快速发展，过程中获得的技术窍门帮助并显著加速了载人航天飞船的准备工作。因此，苏联在第一颗人造地球卫星发射后不到 4 年时间，在 1961 年 4 月 12 日就成功地将 4.73 吨重的"东方"号载人航天飞船送入地球轨道，尤里·加加林成为第一个太空人。这时，世界又再次受到震动，从此开始了人类在太空的活动。

在当时来说，苏联发射第一颗人造卫星，很大成分上是苏、美两个超级大国军备竞赛的产物。

此后，苏联一直在大力发展卫星，在以后的 3 年中又发射了 3 颗卫星，并进行了动物试验，为飞船的上天做好了准备。

1962 年，苏联发射了第一颗照相侦察卫星；1963 年，又发射了第一颗气象卫星。在以后的时间里，苏联在民用卫星方面主要发展了通信卫星系列、导航卫星系列、地球资源卫星系列、电子卫星系列和微重力卫星系列；而在军事应用卫星中，主要发展了侦察卫星系列、电子卫星系列、导弹预警卫星系列，以及军事通信卫星、测地卫星、军事导航卫星和反卫星卫星等。

仅从 1957 年到 1984 年的 20 多年时间里，苏联发射的各种类型的卫星共达 2011 颗。它每年发射的侦察卫星约为 40 颗，而通信卫星则每年发射约 30 颗，是世界上发射卫星最多的国家，其中军事应用卫星占了 80% 以上。

在大力发展卫星的同时，苏联还发展了载人飞船。1961 年 4 月 12 日，苏联发射了世界上第一艘载人飞船——"东方"号。两年后，又发射了"上升"号飞船。

值得一讲的是，苏联在深空探测方面也做了不少工作。如 1959～1976年，苏联共发射了月球探测器 24 个。1966 年 2 月 3 日，"月球 9"号探测器成功地进行了月球表面的软着陆，随后又发射了金星、火星探测器。

苏联解体后，现在的俄罗斯继承其航天发展计划，努力保持其在航天领域里的优势。尽管俄罗斯经济不太景气，但它仍然大力发展自己的航天事业。自 1992 年到现在，它一直活跃在世界航天市场上，在世界航天发展的热潮中处于领先地位。

世界各国的首颗人造卫星发射

苏联第一颗人造地球卫星的发射成功，揭开了人类向太空进军的序幕，大大激发了世界各国研制和发射卫星的热情。

美国于1958年1月31日成功地发射了第一颗"探险者1"号人造卫星。该星重8.22千克，锥顶圆柱形，高203.2厘米，直径15.2厘米，沿近地点360.4千米、远地点2531千米的椭圆轨道绕地球运行，轨道倾角33.34度，运行周期114.8分钟。发射"探险者1"号的运载火箭是"丘比特"四级运载火箭。

法国于1965年11月26日成功地发射了第一颗"试验卫星1"（A-1）号人造卫星。该星重约42千克，运行周期108.61分钟，沿近地点526.24千米、远地点1808.85千米的椭圆轨道运行，轨道倾角34度24分。发射"A1"卫星的运载火箭为"钻石，tA"号三级火箭，其全长18.7米，直径1.4米，起飞重量约18吨。

日本于1970年2月11日成功地发射了第一颗人造卫星"大隅"号。该星重约9.4千克，轨道倾角31.07度，近地点339千米，远地点5138千米，运行周期144.2分钟。发射"大隅"号卫星的运载火箭为"兰达-45"四级固体火箭，火箭全长16.5米，直径0.74米，起飞重量9.4吨。第一级由主发动机和两个助推器组成，推力分别为37吨和26吨；第二级推力为11.8吨；第三、四级推力分别为6.5吨和1吨。

中国于1970年4月24日成功地发射了第一颗人造卫星"东方红1"号。该星直径约1米，重173千克，沿近地点439千米、远地点2384千米的椭圆轨道绕地球运行，轨道倾角68.44度，运行周期114分钟。发射"东方红1"号卫星的远载火箭为"长征1"号三级运载火箭，火箭全长29.45米，直径2.25米，起飞重量81.6吨，发射推力112吨。

英国于1971年10月28日成功地发射了第一颗人造卫星"普罗斯帕罗"号，发射地点位于澳大利亚的武默拉火箭发射场，运载火箭为英国的"黑箭"运载火箭，近地点537千米，远地点1593千米。该星重66千克，主要任务是试验各种技术新发明，例如试验一种新的遥测系统和太阳能电池组。它还携带微流星探测器，用以测量地球上层大气中这种宇宙尘高速粒子的密度。

英国的航天技术发展得也比较早，在欧洲算是首屈一指的。当然和美、苏相比还有一段距离。

英国自1957年到1991年，共发射卫星21颗，主要是军事通信卫星、民用通信卫星以及科学探测卫星。

在欧洲仅次于英国的就是法国，但是它却于 1965 年 11 月 26 日发射了它的第一颗人造地球卫星，成为世界上第三个能够自行研制和发射卫星的国家。

自那以后，法国共发射卫星 10 多颗，主要是通信卫星；而法国的对地观测卫星"斯伯特"的性能非常优良，可与美国的同型号卫星媲美。

除上述国家外，加拿大、意大利、澳大利亚、德国、荷兰、西班牙、印度和印度尼西亚等也在准备自行发射或已经委托别国发射了人造卫星。

飞出地球第一人

"东方 1"号是苏联的第一代宇宙飞船，也是世界上第一艘载人飞船，连同末级火箭在内，总长 7.35 米，重 4725 千克。它由生活舱和机械舱两个部分组成。生活舱是一个直径为 2 ~ 3 米的球体，主要供宇航员生活和工作用，舱内温度为 20℃左右，气压与地面基本相同，氧气是由一个特殊装置与氮气、水蒸气按地球空气成分混合后送入的。机械舱长 3.1 米，直径为 2.58 米，其中有生活舱脱离轨道返回地面时所需的制动火箭系统、供应电能的电池、供应储气的气瓶等系统。

"东方 1"号载人飞船和它的运载火箭都是一次性的，只能执行一次任务。

1961 年 4 月 12 日，莫斯科时间 9 点 07 分，这是一个全世界都应该记住的时刻。随着主持航天计划的总设计师科罗廖夫的一声令下"发射"，加挂了 5 个助推器的三级运载火箭载着"东方 1"号载人飞船飞向了太空。

火箭一级一级地接替工作，使载人飞船的速度越来越大，当第三级火箭点火后，载人飞船的速度已被加到了第一宇宙速度，即达到了大约 8000 米/秒的速度。

9 点 21 分，"东方 1"号载人飞船把加加林载到了预定的轨道。此次预定"东方 1"号飞船运行轨道距地球表面最远距离即远地点是 302 千米，最近距离即近地点是 175 千米，轨道对于赤道的倾角是 65 度 45 分，预计飞船绕地球飞行一圈所用的时间为 89.1 分钟。

9 点 58 分，莫斯科广播电台播放了加加林正在地球轨道上飞行的消息，并开始不断地报道飞船进展的有关消息，整个世界为之震惊，苏联陷入举国

第一艘载人飞船——"东方1"号

欢庆的海洋。

加加林在地球轨道上飞行了108分钟，这其中的每一分钟都凝结了几千年来人类关于太空的所有幻想，凝结了几百年来所有航天科技工作者的辛勤的汗水。

10点25分，他在接到地面指令后启动了飞船的制动火箭系统，飞船开始减速，并离开了运行轨道，进入过渡的椭圆形轨道。

飞船的返回舱与机械舱分离，进入了稠密的大气层，在经历了气动加热产生的数千摄氏度的高温后，"东方1"号载人飞船带着英雄加加林向着预定的着陆点飞行。

在下降到距地面7700米的高度时，降落伞张开，飞行器的下降速度减为220米/秒，随后加加林和座椅一起被弹出了飞行器。在距地面4000米处，加加林与弹射椅脱离。

10点55分，加加林带着应急救生系统，依靠自己的降落伞安全降落到地面上。

知识点

加加林简介

加加林（1934年3月9日—1968年3月27日），生于苏联斯摩棱斯克州格扎茨克区的克卢希诺镇一个集体农庄庄员家庭，白俄罗斯人。1955年从萨拉托夫工业技术学校毕业后参军。1957年在契卡洛夫第一军事航空飞行员学校结业，成为红旗北方舰队航空兵歼击机飞行员，1960年被选为航天员，后成为第一个进入太空的地球人。

开启公众太空旅行的大门

2004 年 6 月 21 日，由微软共同创始人之一保罗·艾伦资助的民间太空飞船"太空飞船 1"号成功到达地球大气的上层，进入 100 千米高度的亚轨道。人类第一次私人载人航天飞行成功实现。

这架以火箭为动力的飞机由被称为"白色骑士"的运载飞机从高空释放，然后点燃自己的火箭到达 62 英里（1 英里 = 1.609344 千米）高度。之后在驾驶员的操作下顺利地在位于加州莫哈韦沙漠的一条飞机跑道着陆。

这次具有划时代意义的太空飞行展示了商业太空飞行的可行性，并将为公众开启太空旅行的大门。

"太空飞船 1"号由著名飞行器设计师伯特·鲁坦设计，亿万富翁保罗·艾伦提供了 2000 万美元以上的资助。第一位驾驶员麦克尔·梅尔维在成功完成这次的太空飞行之后正式成为宇航员。在燃烧自己的火箭 80 秒之后，"太空飞船 1"号在其飞行的最高海拔度过了 3 分半钟，梅尔维在这个短暂的亚轨道失重过程中有幸目睹了地球完美的弧线以及黑洞洞的苍穹。

这次的飞行标志着非政府太空飞行器第一次到达被认为是地球大气和外太空边界的高度。保罗·艾伦以及"太空飞船 1"号的建造者们下一步将角逐 Ansari X 奖。这笔 1000 万美元的奖金用来表彰第一个能够利用载人太空飞行器将三个人或者相同重量的载荷送入 100 千米高度并在两周内重复这一旅程的太空小组。

世界各国对航天的探索

SHIJIE GEGUO DUI HANGTIAN DE TANSUO

　　美国对航天的探索最初落后于苏联。苏联成功发射第一颗人造地球卫星并把第一名航天使者送入太空的成就，使美国受到强烈刺激。为了打破苏联的航天优势，1961年5月25日，美国总统肯尼迪批准了航空航天局的"阿波罗"登月计划，并在国会上表示美国将在十年之内将人送上月球。虽然这个计划对当时的美国来说非常困难，但为了解决技术上的难题，美国几乎动用它所有的资源，通过不断总结经验，终于在1969年7月21日实现了登月梦。至此，人类探索太空的旅程翻开了新的一页。接着，航天飞机出现，航天站升空，载人航天技术日渐成熟，人类在航天科学上取得了一个又一个的进步。而新中国也取得了一系列辉煌的成就。

美国的初期航天活动

　　和苏联一样，第二次世界大战结束后，美国也立即着手研制自己的洲际导弹和人造地球卫星。美国拥有世界上最雄厚的经济实力、最优秀的技术、最优秀的人才。二次大战结束后，美国俘获了以布劳恩为首的共492位德国导弹和火箭专家。他们是一些最优秀的技术人才，过去在希特勒统治下，曾在世界上首先研制成功Ⅴ-1和Ⅴ-2导弹。现在这些专家已为美国服务，继续从事运载火箭技术的研究工作。美国还将装满 V-2 导弹各种部件的约 300 辆货运车用船从德国运到了美国。一位美国将军说，德国领先的火箭专家以及 V-2 导弹部件能使美国节约 5000 万美元和 5 年研究时间。后来在布劳恩领导下研制成功威力极大的"土星 5"运载火箭，曾保证"阿波罗"飞船登月计划的成功。

美国对自己的优越条件充满信心，因此早在 1948 年就向全世界宣布打算发射一颗地球近地轨道人造卫星，并着手进行这项研制工作。1955 年，美国根据运载火箭及卫星研制情况又向世界宣布发射它的人造地球卫星的时间表，即在 1957 至 1958 年发射。1958 年 1 月，美国实现了自己的计划，将他们的第一颗人造地球卫星送入了地球轨道，卫星重量 8.3 千克。如果和苏联的第一颗人造地球卫星相比较，美国的第一颗卫星发射时间晚了一个季度，而重量只有苏联卫星重量的 1/10。给人们的一种印象是美国的成就似乎和他们的经济技术实力不相称。

但是自此以后，美国的卫星发射数量在不断地增加，而且也占了好几个世界第一。

1958 年 12 月 18 日，美国发射了世界上第一颗通信卫星"斯科尔"号，并通过它向大西洋两岸国家播放了艾森豪威尔总统的圣诞节录音；

1960 年 4 月 1 日，美国发射了第一颗气象卫星"泰罗斯 1"号；

1960 年 4 月 13 号，发射了第一颗导航卫星"子午仪 1B"号；

1963 年 2 月 14 日，美国又发射了第一颗地球同步轨道试验通信卫星"辛康 1"号；

……

事实上，美国发射卫星主要也是出于军事目的，如侦察卫星系列、电子情报卫星系列、国防通信卫星系列、国防气象卫星系列、军事导航卫星和军事海洋监测卫星、全球定位卫星等。在民用卫星方面，美国主要发展了如气象卫星、陆地卫星、海洋卫星、通信卫星、星际探测器等。

美国的航天技术与苏联相比，可谓后来居上。

在第一颗人造地球卫星发射成功之后，美国开始了"水星"号载人航天飞船的研制工作。然而，与苏联的"东方"号飞船计划相比，美国载人航天初始阶段的"水星"号计划开始进行得很不顺利。例如，1961 年 5 月 5 日，即苏联成功实现世界第一次载人航天之后的23天，由于小艾伦·谢泼德中校所乘的"水星3"号使用的"红石"号运载火箭推力不足，只做了一次直上直下的亚轨道飞行。这次飞行持续了15分22秒，全程478千米，最大飞行高度185千米。在飞行过程中，有一分钟时间是在失重状态下进行的，最后这艘飞船溅落于大西洋，由直升机将它回收。10个星期后，弗吉尔·格里索姆上校又作了一次类似的亚轨道飞行，显得更不顺当。在座舱溅落洋面时，飞船的应急出口莫明其妙地突然炸开，海水顷刻间涌入座舱，使飞船急速下沉。幸好一架救护直升机及时赶到并放下潜水员奋力抢救，格里索姆才没有葬身海底。

美国在1962年2月20日，用"宇宙神D"型运载火箭，将重约1.3～1.8吨的由海军中校约翰·格林乘坐的"水星"号飞船送入地球轨道。飞船绕地球运行3圈、历时4小时55分23秒，然后在大西洋海面安全溅落。

虽然约翰·格林有幸成为美国太空第一人，却也历经险境。在飞船飞行当中，由于密封舱的姿态控制系统出了故障，曾迫使格林转入手控操纵。这时飞船向地面传回信号，报告格林操作失误，座舱防热罩可能与座舱分离，失去防热罩的座舱在返回大气层后将与空气产生摩擦而被烧毁。地面测控中心工作人员收到这个消息后大惊失色。后来证实防热罩没有与座舱分离。飞船发回的是错误信号，真是有惊无险。继约翰·格林之后，美国又用"水星"号飞船分别把3名航天员送入太空。美国"水星"号计划和苏联"东方"号计划在1963年相继结束，同样是6人6次升空，美国完成轨道飞行的只有4人，飞行时间共53小时；而苏联是6人完成轨道飞行，飞行时间为382小时。经历航天初期的不顺当之后，美国开始走向航天科技的快速发展。很快研制出"土星5"运载火箭。它的总功率达2亿马力，相当于50万辆卡车的总动力，能把127吨的有效载荷送入地球轨道、50吨的有效载荷送入月球轨道，达到空前技术水平。

在苏联1961年4月12日把世界上第一名宇航员加加林送上天的不到一个月的时间里，美国便于1961年5月5日发射了"水星"飞船，也把一名宇航员送入太空，而且它首先用一艘飞船把两名宇航员送入太空，这点比苏联人领先一步。

同时，美国在航天飞机的研制和实际应用上，也大大超过了苏联。最为壮观的当属美国人的"阿波罗"登月活动。从 1969 年 7 月到 1972 年 12 月，美国人 6 次成功地登月飞行，先后把 12 名宇航员送上月球，这是一项在人类历史上了不起的创举。

1958~1984 年，美国发射人造地球卫星 923 颗，仅次于苏联。而美国研制的照相侦察卫星的地面分辨率达到 0.3 米，通信卫星的容量达到 12000 多条话路。

在深空探测方面，美国也不甘落后，1958~1968 年先后用"先驱者"号探测器、"徘徊者"号等探测器探测了月球，同时还发射了火星探测器和木星探测器等。

知识点

"水星"号计划中航天员的选拔

1958 年，在"水星"计划的早期，人们尚不清楚什么类型的人能够胜任宇航员的位置，曾考虑过的几种类型包括特技替身演员、马戏团演员、游泳运动员和赛车手。艾森豪威尔总统曾做出决定，认为宇航员应该是军事飞行员。此外，他们应该接受过大学教育，已建立了家庭，具有中等身高和体格，健康状况极好并且热衷于驾驶先进的飞行器。于是，美国国家航空和航天局的官员们开始筛选军事飞行员的服役记录。他们把范围从 508 人缩小到 110 人，这些飞行员分别来自海军陆战队、海军和空军。110 名飞行员当中有 69 人报到，参加筛选测试，最终，有 32 人被选中并同意接受进一步测试。这些测试包括全面的医学和心理评估以及强重力加速度、振动和隔离等环境下的耐压测试。经过数年的准备，初次飞行的安排被确定下来：谢波德将是第一个进入太空的美国人，然后是格里索姆，再接着是格伦。

新型航天运载工具——航天飞机

1969 年 4 月，美国宇航局提出建造一种可重复使用的航天运载工具的计划。1972 年 1 月，美国正式把研制航天飞机空间运输系统列入计划，确定了航天飞机的设计方案，即由可回收重复使用的固体火箭助推器，不回收的两个外挂燃料贮箱和可多次使用的轨道器三个部分组成。经过 5 年时间，1977 年 2 月研制出一架"创业"号航天飞机轨道器，由波音 747 飞机驮着进行了机载试验。1977 年 6 月 18 日，首次载人用飞机背上天空试飞，参加试飞的是宇航员海斯和富勒顿两人。8 月 12 日，载人在飞机上飞行试验圆满完成。又经过 4 年，第一架载人航天飞机终于出现在太空舞台，这是航天技术发展史上的又一个里程碑。

航天飞机是一种垂直起飞、水平降落的载人航天器，它以火箭发动机为动力发射到太空，能在轨道上运行，且可以往返于地球表面和近地轨道之间，是可部分重复使用的航天器。它由轨道器、固体燃料助推火箭和外储箱三大部分组成。固体燃料助推火箭共两枚，发射时它们与轨道器的三台主发动机同时点火，当航天飞机上升到 50 千米高空时，两枚助推火箭停止工作并与轨道器分离，回收后经过修理可重复使用 20 次。外储箱是个巨大壳

树立在平台上的航天飞机

体、内装供轨道器主发动机用的推进剂，在航天飞机进入地球轨道之前主发动机熄火，外储箱与轨道器分离，进入大气层烧毁，外储箱是航天飞机组件中唯一不能回收的部分。航天飞机的轨道器是载人的部分，有宽大的机舱，并根据航天任务的需要分成若干个"房间"。有一个大的货舱，可容纳大型设备，轨道器中可乘载 3 名职业航天员（如指令长或机长、驾驶员、任务专家等）和 4 名其他乘员（非职业航天员），其舱内大气为氮氧混合气体。航天飞机在太空轨道完成飞行任务后，轨道器下降返航，像一架滑翔机那样在预定跑道上水平着陆。轨道器可重复使用 100 次。

航天飞机是一种为穿越大气层和太空的界线（高度 100 千米的卡门线）

而设计的火箭动力飞机。它是一种有翼、可重复使用的航天器，由辅助的运载火箭发射脱离大气层，作为往返于地球与外层空间的交通工具，航天飞机结合了飞机与航天器的性质，像有翅膀的太空船，外形像飞机。航天飞机的翼在回到地球时提供空气煞车作用，以及在降跑道时提供升力。航天飞机升入太空时跟其他单次使用的载具一样，是用火箭动力垂直升入。因为机翼的关系，航天飞机的酬载比例较低。设计者希望以重复使用性来弥补这个缺点。

虽然世界上有许多国家都陆续进行过航天飞机的开发，但只有美国与苏联实际成功发射并回收过这种交通工具。由于苏联解体，相关的设备由哈萨克接收后，受限于没有足够经费维持运作使得整个太空计划停摆，因此目前全世界仅有美国的航天飞机机队可以实际使用并执行任务。

1981 年 4 月 12 日，在卡纳维拉尔角肯尼迪航天中心聚集着上百万人，参观第一架航天飞机"哥伦比亚"号航天飞机发射。宇航员翰·杨和克里平揭开了航天史上新的一页。

从 1981 年至 1993 年底，美国一共有 5 架航天飞机进行了 59 次飞行，其中"哥伦比亚"号航天飞机 15 次，"挑战者"号 10 次，"发现"号 17 次，"亚特兰蒂斯"号 12 次，"奋进"号 5 次。每次载宇航员 2~8 名，飞行时间 2~14 天。在 12 年中，已有 301 人次参加航天飞机飞行，其中包括 18 名女宇航员。航天飞机的 59 次飞行中，在太空施放卫星 50 多颗，载 2 座空间站到太空轨道，发射了 3 个宇宙探测器，1 个空间望远镜和 1 个 γ 射线探测器，进行了卫星空间回收和空间修理，开展了一系列科学实验活动，取得了丰硕的探测实验成果。

航天飞机除可在天地间运载人员和货物之外，凭着它本身的容积大、可多人乘载和有效载荷量大的特点，还能在太空进行大量的科学实验和空间研究工作。它可以把人造卫星从地面带到太空去释放，或把在太空失效的或毁坏的无人航天器，如低轨道卫星等人造天体修好，再投入使用，甚至可以把欧空局研制的"空间实验室"装进舱内，进行各项科研工作。

美国航天策略的改变

在航天飞机进行了 40 多次的航行之后，美国突然改变航天策略，决定要尽快发展一种新型运载火箭，用以承担空间计划中大部分航天飞机承担的货运任务；客运则用一种先进、简单、安全可靠的载人飞船来进行。到21世纪初，航天飞机的飞行次数将减少到最低限度，同时取消订购第五架航天飞机轨道器的计划。

在航天飞机首航成功10年之后，美国决心作如此重大策略转变，不能不说这是不得已的，原因也是多方面的，最主要的原因是航天发展战略上的决策不当。

首先是对航天飞机的期望过高。20世纪70年代，美国认为，用航天飞机取代耗资巨大的一次性运载发射系统势在必行。航天飞机由2～3名航天员驾驶，每架至少可以重复使用100次，使人们有可能花较少的钱定期飞向空间。他们说，以前美国和苏联的航天员在返回地球时，只能"扑通"一声掉入大海，或者是坠落在中亚地区的沙漠里；而航天飞机的航天员将能在传统的飞机跑道上降落，然后从容地步出机舱。航天飞机的设计师们确信，这种飞行器将会同船舶和飞机的作用一样，在人类未来经济生活中起极其重要的作用。人们认为，以"阿波罗"登月为开端的冒险精神，将通过航天飞机研制计划过渡到扎扎实实的空间开发。

航天飞机计划主任米隆·马尔金博士在1975年7月的一次招待会上说："我们设计航天飞机，是要让它作为一种大型的航天运载器，定期把大量载荷送入空间。我们十分希望能实现定期的飞行，因为人们对航天技术的应用正在提出日益迫切的要求，就像人们越来越需要电视和航空旅行一样。"他的讲话集中反映了美国当时对发展航天飞机的看法和信心。美国航空航天局计划在80年代航天飞机能每年飞行数十次；到1991年共飞572次，可把投资补偿回来。自航天飞机首航成功，10年实践证明这种期望过高了，航天飞机并没有能取代一次性运载发射。80年代，苏联利用一次性运载系统，每年平均进行100次航天发射，如果以此来推算美国的航天需要，每年至少应有50次航天飞机的发射，方能实现取代一次性运载发射系统的愿望。但是直至1992年初，航天飞机一共才飞行45次。由于航天飞机未能实际取代一次性运载发射系统，而一次性运载发射系统未能继续进行，使美国的空间计划受到严重影响。

其次是航天飞机的发射费用太高。其费用要比设计者原来设想的高得多。

20 世纪 70 年代，根据发射火箭类型，把 1 千克重的有效载荷送入轨道要消耗 1500～2500 美元，根据设计数据，航天飞机的费用可减少到 400 美元。据估计，建造航天飞机共投资约 100 亿～150 亿美元。原计划每次航天飞机发射费用为 1000 万美元。所有投资和发射费用的补偿回收，共需进行 550 次发射左右。但根据美国国会预算，航天飞机发射一次的实际费用高达 1.5 亿美元，再加上一架航天飞机爆炸造成的经济损失，航天飞机计划的成本效益问题已很难说了。

航天飞机的工艺可靠性还不是很高。在这种情况下，再完全依靠航天飞机作运输工具来推行美国的空间计划，显然是不合适的。

"挑战者"号航天飞机爆炸的阴影还在，也是一个重要因素。1986 年 1 月，"挑战者"号在进行其第 11 次飞行时，因固体助推器上的圆形密封环失效造成爆炸的悲剧，导致 7 名航天员身亡，曾使美国举国震惊，给美国的航天计划造成了难以估计的损失，而且给美国人心理上造成的阴影更难驱散。由于近年披露航天飞机的可靠性只有 98%，随着飞行次数的增加和每架航天飞机履历表上飞行次数的上升，再次发生 1986 年那样的悲剧的可能性亦在递增。这样，"挑战者"号爆炸的阴影并没有随时间流逝而在美国人心中消失。

现在，美国终于认识到，当初企图用发展航天飞机来完全取代运载发射系统的航天战略是不适当的。

知识点

"挑战者"号失事原因

发射时气温过低，发射台上已经结冰，造成固定右副燃料舱的 O 型环硬化、失效。在点火时，火焰从上往下烧，O 型环要及时膨胀，但 O 型环已经失效，火焰往外冒。但是由于燃料中添加了铝，燃烧形成的铝渣堵住了裂缝，在明火冲出裂缝前临时替代了 O 型环的密封作用。在爆炸前十几秒，宇航飞机遭到一股强气流，凝结尾出现了不同寻常的 "Z" 字尾。接下来的震动让铝渣脱落，移除了阻碍明火从接缝处泄漏出来的最后一个屏障，火焰喷射在主燃料舱上。在爆炸前 1 秒，火焰烧灼让主燃料舱的 O 型环脱落，造成了主燃料舱底部脱落。宇航飞机的机鼻也撞上了主燃料舱的顶部。在发射后 73 秒，"挑战者"号在 40000 公升燃料的爆炸下，炸成了几千个碎片。

美国的天空实验室计划

苏联发射世界第一个试验航天站"礼炮 1"号后的两年，1973 年 5 月 14 日，美国成功地发射了它的"天空实验室"，这个实验室就是太空航天站。

"天空实验室"计划是在"阿波罗"登月计划的基础上制定的，主要是利用"阿波罗"登月计划结束后的剩余运载工具和设备以及所积累的技术成果而研制发展的。

"天空实验室"是一个多舱室组合体，其主要结构由轨道工场、太阳望远镜、过渡舱、多用途对接舱和"阿波罗"飞船的指挥服务舱等 5 个部分组成，轨道全长 36 米，总重 82 吨，拥有工作容积 316 立方米。轨道工场是航天员的主要工作和生活舱室，由"土星 5"火箭的第三级改装而成，其中火箭的液氢箱改成为航天员的生活和工作区，并用隔板分成卧室、餐室、观察室和盥洗室。轨道工场内，室温保持在 16 摄氏度~32 摄氏度之间，可以调节；舱内为 0.35 个大气压的纯氧大气层，航天员呼出的二氧化碳及水汽由分子筛进行消除。工场外壳厚 13 厘米，其中 6 厘米厚铝防护板用于防止粒子辐射对航天员的侵害。太阳望远镜用于对太阳进行观察，利用电视传输系统将太阳图像和数据传往地面进行处理。"阿波罗"飞船指挥服务舱由"阿波罗"飞船改装而成，作为航天员在天地间往返和运输物料的航天渡船。

"天空实验室"的发射分两步进行。第一步用"土星 5"运载火箭先将装配好的轨道工场、太阳望远镜、过渡舱和多用途对接舱发射到 435 千米高的圆形地球轨道；第二步再用"土星 1B"运载火箭把乘有 3 名航天员的"阿波罗"飞船送到空间，入轨后与多用途对接舱对接，构成完整的"天空实验室"。于是"阿波罗"飞船的航天员进入轨道工场，开始空间科学实验工作。工作完成后再返回飞船，接着"阿波罗"飞船再载着 3 名航天员与多用途对接舱分离，离轨后再入大气层返回地面。先后共有 3 批 9 名航天员进入"天空实验室"工作：第一批 3 名航天员在 1973 年 5 月 25 日乘飞船到"天空实

验室"工作 28 天；接着，7 月 28 日和 11 月 6 日又有 2 批航天员乘飞船进
"天空实验室"分别工作了 59 天和 84 天，进行了有关生物医学、太阳天文
学、地球资源勘测、空间加工等综合观察和实验，特别是着重研究人在长期
失重条件下的反应和变化。1974 年 2 月第三批航天员返回地面后，"天空实验
室"即停用，并于 1979 年 7 月 11 日坠毁。

这个"天空实验室"坠毁后，美国很长一段时间没有发射过太空航天站，
致使此后 30 多年无法进行长期载人航天飞行和各种空间科学实验，并使美国
在这个领域损失了很多时间而远远落在苏联的后面。这是为什么呢？并不是
美国对发展航天站有什么不同于苏联的看法，更不是美国在技术上有问题，
而是由于美国采取了一条不同于苏联建设航天站的路线。苏联采取的是从载
人航天飞船通过一次性运载发射系统直接走向太空航天站建设；而美国想采
取的是从载人航天飞船通过可重复使用的航天飞机作运输再走向航天站建设。
美国认为，用一次性运载系统作运输建设它设想的规模巨大的航天站费用太
高，经济上不合算；用可以重复使用的航天飞机作运输工具，建设航天站是
可取的。可是，事与愿违，由于航天飞机研制计划的拖延，航天站计划也只
得延后研究；而且实践已经证明，用航天飞机作运输工具并不比一次性运载
工具的成本低。在苏联连续 20 多年用航天站进行广泛的空间科学研究的时
候，美国在地球轨道上的航天站还是空缺。

1981 年 4 月 12 日美国航天飞机首次试航成功和 1982 年 6 月 11 日航天飞
机正式开始第一次业务飞行之后，1984 年 1 月，美国总统里根宣布要建立长
期性空间航天站。美国准备和其他西方国家共同协作来建设一个规模巨大的
航天站。1989 年 9 月 29 日，由美国、日本、加拿大和欧空局的国家共 12 国
正式签订建立长期性航天站协定。这个名叫"自由"号的航天站将主要通过
航天飞机作运输工具进行建设，航天站则由 12 国共同设计、制造和管理。

苏联人的航天站

据苏联宣称，它的空间计划的主要目标之一，是建立一个永久性多功能
轨道研究复合体，为其国民经济以及空间研究服务。为此，它在 1971 年 4 月

19日率先在世界上第一次发射"礼炮1"号试验航天站获得成功。1986年2月20日发射入轨的"和平"号航天站,是"礼炮"号航天站系列十多年运行经验基础上新设计的新型结构航天站,有很大的优越性。

苏联发射的"礼炮1"号到"礼炮5"号航天站系列,是第一代试验性航天站。"礼炮1"号航天站发射之后,先后有"联盟10"号和"11"号载人航天飞船与其对接,大大增加了飞行的时间,使需要较长时间进行空间研究的项目有了可能。第一代试验航天站创下的纪录是63天。

研究人员在第一代"礼炮"号试验航天站的运行中,发现它有一个重大不足处,就是它只有一个对接舱,因此,在太空只能接待一艘飞船。这就限制了航天站的工作以及每个试验项目持续所需的总时间。

在迈向建立永久性多功能轨道研究复合体的努力中,苏联的科学家和工程师及时在"礼炮"号基础上建立了"礼炮—联盟—进步"号复合体。这种复合体中的"礼炮"号是"礼炮6"号或"礼炮7"号。它们拥有两个对接舱,可以同时与"联盟"号客运飞船和"进步"号货运飞船进行对接,构成轨道研究复合体。它们是第二代航天站,两个对接舱能保证给航天站装满供给,并且如果需要,可以更换部分研究设备,其结果是航天站连续运行周期和空间探索持续时间急剧增加,"礼炮6"号工作了近5年;"礼炮7"号从1982年4月起开始工作,1985年以无人自动方式工作时曾一度失去控制,后来又将其修复,接着工作一段时间后被废弃,直到1991年2月7日坠毁。

第二代航天站运行过程显示出来的弱点是,由于第二代航天站"礼炮6"号和"7"号是在第一代"礼炮"号上改型设计的,扩大了的研究空间范围意味着航天员生活住区变小以及设备超载,航天员的工作生活条件变差了。其次,航天站是按多用途设计的,实验后证明不适于专门研究。例如,为了研究地球,航天员要将航天站放置在他们能看到地球的高度;当有必要进行天文观测时,这个高度又必须改变。此外,当航天员进行动力研究时,推进系统的能源燃料又发生短缺。简言之,应该研制能排除上述不足的新一代航天站。

"和平"号航天站正是针对这些不足而精心设计成的第三代全新航天站。它的设计,采用一种多模舱结构形式。这种结构,其想法实际很简单:中心舱作为生活区,所有的研究设备放在周围可更换的舱内。"和平"号航大站与

"礼炮"号的主要区别是它拥有 6 个对接舱，可以对接上的每个舱能承载 21 吨的重量；它还拥有更大容量的电站，最大供电力达 23 千瓦，其太阳能电池帆板的面积有 102 平方米，而"礼炮"号只有 51 平方米。"和平"号航天站的 6 个模舱，按专业分工。每个专业模舱均能自行飞行，离开"和平"号进行专门的空间研究。"和平"号航天站还有一个新设备，在其外壳上安装了一个笔状波束的天线，在飞行中该天线指向中继卫星。当"和平"号航天站超出地面和海上跟踪站无线电接触范围时，它可通过中继卫星和地面测控中心通信。

➡ **知识点**

"和平"号航天站坠毁时间表

莫斯科时间 2001 年 3 月 23 日凌晨 3 点 33 分（北京时间 3 月 23 日 8 点 33 分）俄罗斯科罗尔耶夫飞行控制中心下达第一次制动点火指令，"和平"号空间站发动机点火，开始进入坠落轨道；莫斯科时间 5：02（北京时间 10：02）飞行控制中心下达第二次制动点火指令，"和平"号空间站进一步调整轨道；"和平"号空间站围绕地球旋转两周；莫斯科时间 8：30（北京时间 13：30）飞行控制中心下达第三次制动点火指令，"和平"号空间站开始进入大气层；到达 90 到 110 公里的高度，"和平"号空间站开始解体；莫斯科时间 9：30（北京时间 14：30）"和平"号空间站的碎片坠落在南太平洋预定海域。

完备的苏联载人航天体系

在整个航天科技领域，专家们从宏观角度看，认为苏联的某些空间技术算不上世界最先进。但是，其建立起来的巨大航天体系是现今世界上最完整的，并且以总体优势体现了高科技目标，奠定了现代航天学的基础。如果不计地面航天员训练中心以及测控中心等服务性机构，这个航天体系包括："和平"号航天站试验基地、"联盟"号载人航天飞船、"进步"号货运航天飞船、"联盟"号运载火箭和"质子"号运载火箭。依靠这些设备，开动这个天地间的复杂系统，进行广泛的空间科学研究和探索太空奥秘的任务。

"和平"号航天站复合体试验基地

"和平"号航天站在 1986 年 2 月 20 日发射入轨，质量为 20 吨，长 13.5 米，最大直径 4.15 米，有效容积达 90 立方米，有太阳帆板 2 块，总面积达 102 平方米，共有 6 个对接舱口。可以与它对接的专用舱和飞船有这样一些种类：大型对接舱，质量为 20 吨，直径 4.15 米，容积 50 立方米。其中不返回的大型对接舱，长度为 6.5 米；而返回的大型对接舱，长度为 13 米左右，并拥有太阳电池帆板 2 块，面积 40 平方米，输出功率 3 千瓦。可以对接的小型对接舱，质量为 7 吨，长度 7 米，最大直径 2.7 米，有效容积 10 立方米。另外可对接的飞船是"联盟号 TM"客运和"进步"号货运渡船。

以"和平"号航天站中心舱为核心的复合体试验基地，已完成第一阶段空间对接拼装任务，拥有 5 个模舱，其中三个科学舱，一个"联盟 FM"飞船以及主舱。

科学舱是"量子 1"号、"量子 2"号和晶体舱。"量子"号天体物理实验室是在 1987 年 4 月 11 日与"和平"号对接的。晶体舱是 1990 年 6 月最后发射上去的，全长 13.73 米，最大直径 4.15 米，有 5 个冶炼炉，其中一个较小，便于搬动。全部炉子均能自动工作，各种不同实验可同时进行。每只炉子带有控制晶体培养过程的计算机。冶炼炉能为大量实验提供良好条件，这些炉内最高温度可达到 2000℃，因此晶体舱的前景十分可观。有消息报道说，自晶体舱拼装到航天站后的头 7 个月，已经生产价值 1000 万美元的空间半导体材料。到目前为止，还有一个地球遥感舱和一个地球环境监测舱未发射组装到位。但已拥有 5 个模舱的"和平"号航天站复合体，已具备进行天体物理研究、生产小批量蛋白和晶体的能力。

苏联的载人航天体系

在使用期间，这个航天

站复合体，既可变更模舱数量，也可改变总的配置。专用模舱还能作机动飞行，单独去执行任务。目前，"进步"号货运飞船所占用对接口，将供一个不返回大型对接舱对接之用，而"进步"号货运飞船则对接在这个不返回大型对接舱的另一个对接口上。

在中心舱即主舱和其他舱室放置科学仪器和设备，辟有专门位置。仪器和设备可以安装在舱室之内，也可以装在航天站复合体的外表。设备的尺寸主要受运输飞船以及某些情况下放置位置的限制。

航天站上的闸门暗室，可使航天乘员不离开航天站就可看管工作在开放空间里的仪表。复合体外部的仪表和设备通过机械固定器固定。仪表工作过程数据以及实验结果由构成仪器组成部分的自动记录仪记录，并可用站上遥测设备直接将数据信息传送给地面跟踪站。

带有科学研究成果设备的返回，则使用载人航天飞船。从回复仪器打包到飞船着陆地面，通常不超过两昼夜。返回地面设备的尺寸规定不超过 $450 \times 240 \times 160$ 毫米。

"和平"号航天站内的空气，和地球上大气层差不多；气温终年保持在 20 摄氏度左右，真是四季如春。如果不出舱到开放空间去，航天员可以不穿航天服生活和工作。由于航天站远离地面执行观天测地任务，其乘员随时可能遇到各种危险，因此站上总是停着一艘"联盟 TM"飞船参与复合体的工作，实际上还时刻准备着执行救援任务。

"联盟 TM"号飞船

"联盟"号是迄今应用最多的宇宙飞船，目前已进入第四个十年。"联盟"号总设计师卡罗廖夫为它设计了几种类型：一种是地球轨道上运行的 3 舱型；一种是用于验证月球飞行技术的捆绑式 2 舱型探测器；还有一种是月球着陆型。用于地球轨道运行的"联盟"号飞船，发展了三代：第一代称为"联盟"号，第二代称为"联盟 T"号，第三代称"联盟 TM"号。"联盟"号最初用于执行 3 人低地球轨道单飞飞行任务，飞行时间可达 2 周半。"联盟 10"号和"11"用于"礼炮"号航天站作渡船。在"联盟 11"号发生一次降落事故之后，苏联人对联盟号作了重新设计，使之成为仅能作两天半独立飞行的 2 人座舱航天站的客运渡船，即"联盟 T"号。自 1967 年 4 月以来，苏联共发射第一代"联盟"号飞船 40 艘，发射第二代"联盟 T"号共 15 艘。第三代"联盟 TM"号宇宙飞船与"联盟 T"号的区别是安装了更新一代的交会对接雷达与计算机、无线电通信、紧急救援、联合发动机装置和降落伞等设备，采用了轻型材料，可多载 200 千克载荷。1986 年 5 月 21 日，第三代"联盟 TM"号首次发射，23 日与"和平"号航天站对接成功。迄今，专用于地面和航天站之间客运的"联盟 TM"号飞船已经发射过十多次，均获成功。

"联盟"号飞船由近似球形的轨道舱、呈钟形的返回舱和呈圆柱形的设备舱 3 个舱段组成，是地面和航天站之间的客渡飞船，它在返回地球大气层之前，将轨道舱和设备舱抛弃，只有返回舱返回地球。从飞船起飞到入轨和返回，航天员都坐在返回舱内。返回舱内容积 4 立方米，原有 3 个座位，能容纳 3 名航天员，后来改成 2 个座位，容纳 2 名航天员。舱内有显示各系统设备工作状态的仪器、导航仪表和各系统的控制转换开关。在其底部有防热罩，其内有 4 台固体推进剂的缓冲着落火箭。飞船入轨后，航天员就可进入轨道舱工作或休息。轨道舱容积 4.9 立方米，内有交会和对接系统、电视摄影机、出舱活动设备、航天员进膳用具、部分通信等。设备舱分前后两舱，前舱为仪器舱，内有遥测系统、主要通信设备、各种传感器；后舱为发动机舱。设备舱外表装有天线系统。

"联盟 TM"号的外表面除 8 平方米的辐射器外，均有热覆盖防护。生命保障系统大部分装在轨道舱中，一小部分装在返回舱中，独立部分放在长沙发椅下。氧气瓶供紧急情况时用。废物管理和饮食都在轨道舱中进行。返回舱有够 48 小时的食物和水，供紧急着陆时用。和货运飞船比较，"联盟"号载人飞船由于生命保障系统、热防护、控制和其他有关部件占去相当部分的有效载荷而费用昂贵。

"进步"号货运飞船

"进步"号货运飞船是用"联盟"号载人飞船改装而成的，除去飞船载人所必需的部分，装备有自动控制系统；降落返回舱用推进剂和氧化剂容器来取代；原用于航天员工作和休息的地方，变成了"进步"号飞船的货舱。"进步"号货运飞船发射时重量为 7 吨，有效载荷为 2.5 吨，大约是其自身重量的 36%，效益是相当高的。

　　"进步"号货运飞船给航天站驻站人员运送他们需要的燃料、压缩空气、食物、水、空气再生器、衣服和邮包，还运送实验需要的置换设备、仪器和装置，还有普通摄影、电影摄影胶片，因为宇宙辐射原因，胶片在航天站不能长期保存。

　　"进步"号货运飞船还帮助运走航天乘员在航天站不再需要的东西。虽然废物垃圾可通过空气锁箱丢弃，但会污染宇宙空间并损失空气，此外，通过空气锁箱是丢弃不了大的东西的，所以航天乘员们都用"进步"号货运飞船处理他们的垃圾。

　　"进步"号货运飞船和航天站对接并卸货之后，装好垃圾便脱离对接，启动减速发动机，离开地球轨道向大地飞去。由于货运飞船没有热防护措施，进入地球浓密大气层后便立即被完全烧毁，如果有少许残余，一般会溅落大洋之中。

"联盟"号运载火箭

　　"联盟"号运载火箭是一种三级火箭。第一级是由捆绑在第二级下部外侧的 4 个火箭组成。因此，"联盟"号运载火箭是由 6 个火箭发动机串并联组成。发射的飞船固定在火箭的第三级上，外面有整流罩，整流罩的前端固定着应急救生火箭。运载火箭与飞

"联盟"号运载火箭

船组合体全长 48.8 米，底部最大直径为 10.3 米。"联盟"号运载火箭在航天体系中的作用是向航天站发射"联盟 TM"号客运飞船和"进步"号货运飞船。火箭的有效载荷，能将 6900 千克重的飞船送入倾角 50.5 度远地点 450 千米、近地点 200 千米的近地椭圆轨道。发动机燃料为高低两种沸点的混合推进剂。事实证明，"联盟"号运载火箭的设计是高度成功的，有极好的可靠性和长久的生命力，生产、使用已经 40 多年。其质量可以和已经持续生产制造

25 年的 DC—3 航空器、著名的德国大众汽车公司的产品相媲美。用"联盟"号运载火箭发射飞船的次数与美国"水星"、"双子星座"、"阿波罗"以及航天飞机发射次数的总和相当。平均每年用联盟运载火箭发射飞船 6 次。由于长期使用，该运载火箭，生产批量大、工艺稳定，成本也便宜。

"质子"号运载火箭

"质子"号运载火箭有两种形式。一种是串平行三级发动机火箭；另一种为改型的四级火箭。"质子"号运载火箭在航天体系中专用于发射"礼炮"号、"和平"号航天站以及"和平"号航天站的专用模舱。

"质子"号三级火箭，不包括载荷时全长 44.3 米，能把 21 吨有效载荷送达倾角 51.6 度，200 千米高的近地圆形轨道。四级型"质子"号火箭能将 2200 千克有效载荷送达任何对地静止轨道位置；能将 5700 千克载荷送往月球；5300 千克载荷送往金星；4600 千克载荷送往火星。所有各级火箭发动机燃料均为混合推进剂。苏联的航天体系，各构成要素非常协调，且运用恰到好处，各显其能。虽然用一次性发射系统作天地间的运输工具，但由于生产批量大、工艺稳定和可靠性好，成本反而比可重复使用的航天飞机低。

这个航天体系的长期运行，为空间科学研究带来极大好处。例如，苏联航天员已经完成了 500 项以上空间材料加工处理和合金形成试验，有的已经以空间车间的形式进行小批量生产。空间产品性能上优于地球产品，通常具有更好纯度和特性。所有试验成功的这些项目，在转向大规模空间工厂生产后，能引起工

"质子"号运载火箭

业的巨大变革。同时，航天员在航天站长期工作，积累了丰富经验，还不断创造在空间长期逗留的记录，说明空间生命科学研究的重大进步。

俄罗斯的太空之旅

莫斯科时间2001年5月6日9时41分，载有太空游客蒂托的俄罗斯"联盟"型飞船返回座舱准确、安全地降落在了哈萨克斯坦境内，历史上的首次太空旅游圆满地画上了句号。此次太空之旅创造了世界航天史和旅游史上的奇迹，向世人展示了俄罗斯的航天科技水平，及其航天商业开发取得的骄人成就，同时还显示出，未来俄美在国际空间站等航天计划上的合作与斗争将会继续。自1961年尤里·加加林勇闯太空以来，俄载人航天业已走过了40年的风雨历程。40年的航天科学成果的积累，创造了一个传奇般的成就——普通地球公民遨游太空。虽然蒂托也曾是一名航天专家，但其专业职务毕竟是航空航天工程师，若想成为合格的太空游客，还须通过技能和体能方面的考验。蒂托在俄罗斯加加林宇航员训练中心接受了专项航天训练。他先后学习了"联盟"飞船设施、国际空间站构件、生命保障系统、航天器飞行控制等有关知识，并在"星辰"号服务舱和"曙光"号功能货舱练习器上经受了锻炼。这些技能训练帮助蒂托顺利往返空间站。

2001年1月蒂托曾被查出患有肺炎，并接受了两个星期的住院治疗。据俄航空航天局局长科普捷夫表示，在经过治疗之后，蒂托的恢复状况令人满意，训练计划的如期完成没有受到影响。事实证明，俄罗斯宇航训练技术、航天医学和太空生命保障技术，确保蒂托平安度过了8天的太空之旅。蒂托的成功显示出，俄罗斯的航天科技依然保持世界领先水平。

蒂托的太空之旅还反映出，俄罗斯正在着力推进航天商业开发。据俄航空航天局提供的资料显示，今年，俄政府的航天预算额约为1.65亿美元。该预算额与俄航天业所需经费之间存在着较大缺口，弥补这一缺口的主要措施就是航天商业开发。在"和平"号空间站未坠毁之前，俄罗斯曾在"和平"号上成功地进行了商业开发活动，创造了年收入2000万美元的良好业绩。俄罗斯打算利用国际空间站俄属太空舱和先进的航天技术继续进行商业活动，并计划在俄所支付的国际空间站建设资金中，力求使预算外资金的比例达到30%～35%。另据俄罗斯航空航天局管理处主任古谢耶夫介绍，今年俄罗斯有望在国际航天市场上创收约10亿美元。今后，俄罗斯将努力使这一开发的年收入达到约20亿美元。

蒂托的太空之旅也并非一帆风顺。美国宇航局一直对蒂托之旅耿耿于怀，并以"国际空间站工作受到干扰"等为理由为蒂托太空旅行计划设置重重障碍。但是在俄方的据理力争和坚决抵制下，美方的企图未获成功。5月2日美宇航局局长戈尔丁在国会听证会上宣称，蒂托的旅行使空间站的建设工作被迫中断，宇航局将因此向俄罗斯航空航天局索赔。对此，俄方国际空间站计划负责人留明指出，所谓的"国际空间站工作受到干扰"其实是美方臆造出来的借口，其目的是为了部分地抹杀俄罗斯所取得的航天商业开发成就。俄罗斯地面飞行控制中心的专家也表示，美国阻挠蒂托上天是出于政治目的。

俄罗斯航空航天局新闻秘书戈尔布诺夫指出，已有多人表示愿乘"联盟"飞船赴空间站旅游。俄罗斯就此事同参与国际空间站计划的各方协商，以解决与此相关的法律和行政问题。但是，从美国宇航局的所作所为不难看出，围绕国际空间站商业开发等问题，美俄之间会有一番激烈的唇枪舌剑。

戈尔布诺夫介绍说，在国际空间站计划以外，基于生存发展的需要，俄罗斯将继续着力开展商业航天。俄罗斯与乌克兰、澳大利亚、法国、比利时和欧洲航天局进行一系列的商业航天合作，部分合作项目被纳入2001～2005年俄联邦航天规划。

蓬勃发展的中国航天事业

中国是世界文明古国。中国古籍中记载了许多与飞行有关的神话、传说和绘画。"嫦娥奔月"是人类最古老的登月幻想。鲁班制作木鸟、西汉时期的滑翔尝试和列子御风的想象，说明古代中国人民已想到利用空气浮力和空气动力升空飞行。现在仍在使用的帆、舵、风车等是古人在长期生产活动中利用风力和水力制造的生产工具。中国的风筝和火箭是世界公认的最古老的飞行器，走马灯的原理和现代燃气涡轮的工作原理基本相同，竹蜻蜓则是螺旋桨和直升机的雏形。这些发明和创造显示了古代中国人民出众的智慧和才能。灿烂的中国古代文化和其他国家的古代文明，共同孕育了现代航空航天技术的萌芽。

在近代，中国人民也为航空航天的发展做出了自己的贡献。世界上第一架飞机诞生之后，中国许多仁人志士为振兴中华而热心发展航空事业。从1887年华蘅芳制造中国第一个氢气气球到1949年这一段时间里，尽管条件极端困难，中国的航空事业还是获得了一定的进展。一些杰出的中国科学家在空气动力、火箭技术、燃烧理论等方面所作的卓有成效的研究，推动了有关学科领域的发展，为中国争得了荣誉。

中国航空事业的蓬勃发展是从中华人民共和国成立之后开始的。

我国于1951年成立了航空工业管理局，随后组建了飞机、发动机和材料工艺等研究机构。1954年制造出第一架教练机（初教5），1956年试制成功第一架喷气式歼击机（歼5），1958年小型多用途运输机（运5）投入使用，同年又自行设计了初级教练机（初教6），1959年第一架超音速喷气式歼击机（歼6）飞上了蓝天，实现了从修理到制造，从生产螺旋桨飞机到喷气式飞机，从仿制到自行研制的转变。1960年建立的中国航空研究院，从事飞机、发动机、仪表、电器、附件、电子设备和航空武器的设计研究；开展了空气动力、结构强度、燃气涡轮、风洞技术、生命保障、材料工艺、导航和控制以及飞行试验等方面的应用研究。

中国航空工业形成了科学研究、生产和教育相结合的工业体系，培养了近20万各种专业人才。20世纪60年代后，全天候高空高速歼击机和低空性能优越的强击机已装备部队，新型飞机日益增多。

"歼6"

中国已能生产各种型号的歼击机、轰炸机、强击机、直升机、运输机、侦察机以及战术导弹，为空军、海军提供了军事技术装备，满足了民航事业的部分需要，并向世界上一些国家出口。

中国民用航空随着国民经济的发展和对外交往的扩大，形成了以北京为中心的航空运输网，开辟了200多条国内、国际航线，对发展国民经济和方便人民生活发挥了重要作用。专业航空为农业、林业、牧业、渔业、探矿、救灾、海上油田和环境保护等提供了广泛的服务。中国人民解放军空军和海军航空兵部队拥有训练有素的飞行人员和先进的技术装备，承担着保卫祖国领空安全和支援国家建设的光荣任务。

中国航天事业是在50年代中期开始的。1956年，中国制定了12年科学发展远景规划，把火箭和喷气技术列为重点发展项目。同年建立了第一个导弹、火箭研究机构，1958年把发射人造地球卫星列入国家科学规划，组建机构开展空间物理学研究和探空火箭研制工作，并开展星际航行的学术活动和实验设备的筹建工作。中国航天事业在创业之初经历了经济上、技术上的种种困难，经过艰苦奋斗，终于在1960年2月发射成功第一枚探空试验火箭，同年11月又发射成功第一枚自制的运载火箭，1964年6月发射成功自行研制的第一枚运载火箭，60年代后期又研制成功中程和中远程运载火箭，为中国航天事业的发展奠定了基础。中国于60年代中期制定了研制和发射人造地球卫星的空间计划。1968年组建了中国空间技术研究院。1970年4月24日，中国第一颗人造地球卫星"东方红1"号发射成功，使中国成为继苏、美、法、日之后世界上第五个用自制运载火箭成功地发射卫星的国家。1971年3月3日发射成功的第二颗人造地球卫星向地面发回了各项科学实验数据，正常工作了8年。1975年11月26日首次发射成功返回型人造地球卫星，中国成了继美、苏之后世界上第三个掌握卫星返回技术的国家。1980年5月，向南太平洋发射大型运载火箭取得成功，1981年9月20日首次用一枚大型运载火箭把3颗空间物理探测卫星送入地球轨道，1982年10月从水下潜艇发射运载火箭成功。1984年4月8日，发射了一颗对地静止轨道试验通信卫星"东方红2"号，4月16日卫星定点于东经125度赤道上空。

到1985年10月，中国依靠自己的力量共发射了17颗不同类型的人造地球卫星。这些卫星为地质、测绘、地震、海洋、农林、环境保护等国民经济部门和空间科学研究提供了十分有价值的资料。第一颗试验通信卫星已用于国内通信广播和电视节目传输，对改善边远地区的通信和广播状况发挥了重要作用。通过一系列航天活动，中国已经建立了各类人造卫星、运载火箭、发射设备和测量控制系统的研究、设计、试验和生产的基地；建成了能发射近地卫星和对地静止轨道卫星，拥有光测、遥测和雷达等多种跟踪测量手段的酒泉和西昌航天器发射场；组成了由控制中心、地面台站和测量船构成的卫星测控网；造就了一支富有经验的航天科学技术队伍，从而有能力不断开拓航天活动的新领域。

中国航空航天工业在为国防、国民经济和科学研究直接服务的同时，还努力向国民经济各部门推广和转移先进技术，取得了显著的效益。

中国首颗人造卫星的发射

中国是古代火箭的故乡。现代火箭源于古代火箭。宋代，我国就制成了用火药推进的世界上最早的火箭。古代火箭的推进动力，来源于竹筒或纸筒中装满的火药。筒上端封闭，下端开口，筒侧小孔引出药线。点火后，火药在筒中燃烧，产生大量气体，高速向后喷射，产生向前推力。装满火药的竹筒或纸筒就是现代火箭发动机的雏形。作为武器用的古代火箭顶端装有箭头，箭头起杀伤作用，相当于现代导弹武器的弹头。箭的尾端装有箭羽，起稳定飞行的作用。

中国在明代发明了一种"一窝蜂"火箭，"一窝蜂"一次能发射32支火箭，杀伤力较大，曾在战争中使用。另一种用于水战的武器"火龙出水"火箭，达到了更高的技术水平。火龙有龙头、龙身和龙尾，龙体内装有神机火箭数枚，龙体外周装有4个火药筒。发射时，先点燃龙体外的4个火药筒，推进火龙飞行，继而点燃龙体内的数枚火箭，推动火龙再度加速。通过多枚火箭联用和两级火箭接力，火箭可以在水面上飞行数里之遥。中国古代这种多级火箭设计思想是极有创见的。

中国是古代火箭的发源地，在现代火箭技术研究上中国不能落后。1956年10月18日，中国第一个导弹研究机构，国防部第五研究院正式成立，由刚从美国回来不久的著名火箭专家钱学森任院长。中国把研制导弹和火箭技术作为高科技的一个主攻方向。1958年，在苏联专家帮助下，我国一方面开始进行导弹研制基地和发射场的建设，一方面开始仿制苏联 P－2 近程地地导弹。仿制工作的开展，加速了我国掌握导弹、火箭技术的步伐。

1960 年前后，我国又从全国各学校挑选了几千名大中专毕业生，充实国防部第五研究院。他们满怀献身祖国尖端事业的豪情，投身到火箭技术队伍的行列中，技术队伍得到迅速扩大。但是，当我国仿制 P－2 导弹工作进入最后阶段时，苏联撤走全部专家。由于这一突然行动，给我国导弹仿制工作造成了相当大的困难，但也从反面激发了我国导弹研制人员自力更生、发愤图强的精神。他们刻苦学习、边学边干，克服工艺技术、器材设备以及火箭燃料等方面的困难，把仿制工作继续推向前进。1960 年 11 月 5 日，用国产燃料成功发射了第一枚仿制的导弹，于是中国有了自己的近程导弹。1964 年 6 月 29 日，我国第一个自行设计的中近程火箭发射获得成功，揭开了我国导弹、火箭发展历史上新的一页。通过中近程火箭的研制，我国年轻的火箭研发队伍得到了很大的锻炼。

1958 年 5 月 17 日，毛泽东在党的八大二次会议上，发出了"我们也要搞人造卫星"的号召，表达了我国人民发展航天技术、向宇宙空间进军的强烈愿望和决心。1963 年中国科学院成立了星际航行委员会，负责制定星际航行发展规划。1964 年 11 月在国防部第五研究院一分院的基础上组建运载火

我国第一颗人造卫星

箭研究院。这时，我国研制人造卫星及其运载火箭的条件已经成熟。

1965 年 1 月，钱学森上书中央提出，自苏联 1957 年 10 月 4 日发射第一颗人造卫星以来，中国科学院和国防部五院对这些新技术都有过研究，现在看来，研制弹道火箭已有一定基础，进一步发展中远程火箭，即能发射一定重量的卫星。计划中的远程火箭无疑也有发射人造卫星的能力。1965 年 4 月，国防科委提出了 1970～1971 年发射我国第一颗人造卫星的设想。卫星本体由中国科学院负责研制，运载火箭由当时国防部五院转成第七机械工业部负责

研制。地面观测、跟踪、遥控系统以科学院为主，第四机械工业部配合研制。搞人造卫星采取由易到难、由低到高、循序渐进、逐步发展的方针。

1965年9月，中国科学院开始组建人造卫星设计院，正式实施我国第一颗人造卫星工程研制计划。确定卫星起点要高，在技术上要做到比苏、美第一颗卫星先进的目标。卫星入轨后要抓得住、测得准、预报及时。为保证第一颗卫星发射需要，在全国疆域内建立相应的观测网、信息传递系统和计算机控制中心。

1966年，我国第一颗人造卫星被命名为"东方红1"号；运载火箭命名为"长征1"号，采用两级液体燃料火箭加第三级固体燃料火箭发动机组成，计划在1970年发射。

这时"文革"风暴已经起来，为了把"文革"的干扰和影响减至最小，同时也为了把分散在各部门的空间研究机构集中起来，形成拳头，实行统一领导，1968年2月20日，中国空间技术研究院成立，钱学森兼任院长，列入军队编制，由国防科委直接领导。

1970年1月30日，中远程火箭飞行试验成功，我国的多级火箭技术取得突破，为发射"长征1"号火箭奠定了基础；另外，早在1967年第一个卫星发射工程已经完工。1970年4月2日，周恩来召开会议听取"东方红1"号卫星和"长征1"号火箭情况汇报。4月23日毛泽东亲自批准发射第一颗人造地球卫星。

1970年4月24日，我国第一颗人造地球卫星"东方红1"号发射成功，揭开了我国航天活动的序幕，宣告我国也进入了航天时代，成为继苏、美、法、日之后世界上第五个独立自主发射人造卫星的国家。卫星为多面球体，重173千克，用20.009兆赫的频率播送《东方红》乐曲。

发射过程

1970年2月，国防科委下达了执行"东方红1"号卫星的发射试验任务，确定由栗在山、李福泽统一指挥卫星的发射试验。基地随即制定了发射方案，展开试验设备质量检查和综合操作演练。

4月1日，"东方红1"号卫星和"长征1"号运载火箭运至靶场，开始进行发射前的各种测试。每进入一个新的试验阶段，基地都要向周总理和中央专委汇报。

4月23日，发射阵地的测试检查工作全部完毕，基地指挥部决定将发射时间确定为4月24日21时，栗在山、李福泽和钱学森郑重地在发射任务书上签了字。中央专委当晚就批准了发射任务。

24日21时35分，运载火箭点火发射，托举着"东方红1"号卫星扶摇直上，沿着预定轨道飞向太空。全国各卫星地面测控站跟踪良好，并及时报告跟踪情况。十几分钟后，星、箭分离，卫星入轨，《东方红》乐曲响彻太空，震撼全球。

1970年4月24日，中国第一颗人造地球卫星在酒泉卫星发射中心成功发射，由此开创了中国航天史的新纪元，使中国成为继苏、美、法、日之后世界上第五个独立研制并发射人造地球卫星的国家。"东方红1"号卫星重173千克，由"长征1"号运载火箭送入近地点441千米、远地点2368千米、倾角68.44度的椭圆轨道。它测量了卫星工程参数和空间环境，并进行了轨道测控和《东方红》乐曲的播送。

"东方红1"号卫星是中国的第一颗人造卫星，由以钱学森为首任院长的中国空间技术研究院研制，当时共做了5颗样星，结果第一颗卫星就发射成功。该院制定了"三星规划"：即"东方红1"号、返回式卫星和同步轨道通信卫星，而孙家栋则是当时"东方红1"号卫星的技术负责人。1967年，党鸿辛等人选择了一种以铜为基础的天线干膜，成功解决在100摄氏度至-100摄氏度下超短波天线信号传递困难问题。"东方红1"号卫星因工程师在其上安装一台模拟演奏《东方红》乐曲的音乐仪器，并让地球上从电波中接收到这段音乐而命名。"东方红1"号卫星以火车运输时，铁路沿线每两根电线杆间由一位荷枪实弹的卫兵守卫。1970年4月24日21时35分，"长征1"号运载火箭(CZ-1)载着"东方红1"号卫星从中国西北酒泉卫星发射中心发射升空，21时48分进入预定轨道。

"东方红1"号卫星的主要任务是进行卫星技术试验、探测电离层和大气层密度。卫星为近似球形的72面体，质量173千克，直径约1米、采用自旋姿态稳定方式，转速为120转/分，外壳表面由按温度控制要求经过处理的铝合金为材料，球状的主体上共有4条2米多长的鞭状超短波天线，底部有连接运载火箭用的分离环。卫星飞行轨道为近地点439千米、远地点2384千米、轨道平面和地球赤道平面为倾角 68.44 度的近地椭圆轨道，运行地球一圈周期为 114 分钟。"东方红 1"号卫星除了装有试验仪器外，还可以以 20 兆赫的频率发射《东方红》音乐，该星采用银锌电池为电源。

知识点

"东方红 1"号卫星目前状态

2009 年 2 月 1 日 15 时 08 分 32 秒根据 NASA（美国航空航天局）的数据写出来的。

纬度：64.02 度；经度：35.07 千米；轨道倾角：205.64 度；运行周期：110.6 分钟；速度：7.55 千米/秒；高度：728.25 千米；近地点：430 千米；远地点：2075 千米。

我国首颗绕月人造卫星——"嫦娥 1"号

"嫦娥 1"号是中国自主研制并发射的首个月球探测器。中国月球探测工程"嫦娥 1"号月球探测卫星由中国空间技术研究院研制，以中国古代神话人物"嫦娥"命名，嫦娥奔月是一个在中国流传的古老的神话故事。"嫦娥 1"号主要用于获取月球表面三维影像、分析月球表面有关物质元素的分布特点、探测月壤厚度、探测地月空间环境等。整个"奔月"过程大概需要 8～9 天。"嫦娥 1"号运行在距月球表面 200 千米的圆形极轨道上。"嫦娥 1"号工作寿命 1 年，绕月飞行 1 年，执行任务后不再返回地球。"嫦娥 1"号发射成功，中国成为世界第五个发射月球探测器的国家地区。

"嫦娥 1"号是中国的首颗绕月人造卫星，由中国空间技术研究院承担研制。"嫦娥 1"号平台以中国已成熟的"东方红 3"号卫星平台为基础进行研制，并充分继承"中国资源 2"号、"中巴地球资源"等卫星的现有成熟技术和成果，进行适应性改造。卫星平台利用"东方红 3"号卫星平台技术研制，对结构、推进、电源、测控和数传等 8 个分系统进行了适应性修改。"嫦娥 1"号星体为一个 2 米×1.72 米×2.2 米的长方体，两侧各有一个太阳能电池帆板，完全展开后最大跨度达 18.1 米，重 2350 千克。有效载荷包括 CCD 立体相机、成像光谱仪、太阳宇宙射线监测器和低能粒子探测器等科学探测仪器。

"嫦娥 1"号月球探测卫星由卫星平台和有效载荷两大部分组成。其卫星平台由结构分系统，热控分系统，制导、导航与控制分系统，推进分系统，数据管理分系统，测控数传分系统，定向天线分系统和有效载荷等 9 个分系统组成。这些分系统各司其职、协同工作，保证月球探测任务的顺利完成。星上的有效载荷用于完成对月球的科学探测和试验，其他分系统则为有效载荷正常工作提供支持、控制、指令和管理保证服务。

"嫦娥 1"号卫星发射后首先将被送入一个椭圆形地球同步轨道，这一轨道离地面最近距离为 200 千米，最远为 5.1 万千米，探月卫星将用 16 小时环绕此轨道一圈后，通过加速再进入一个更大的椭圆轨道，距离地面最近距离为 500 千米，最远为 12.8 万千米，需要 48 小时才能环绕一圈。此后，探测卫星不断加速，开始"奔向"月球，大概经过 114 小时的飞

"嫦娥 1"号卫星

行，在快要到达月球时，依靠控制火箭的反向助推减速。在被月球引力"俘获"后，成为环月球卫星，最终在离月球表面 200 千米高度的极月圆轨道绕月球飞行，开展拍摄三维影像等工作。卫星奔月总共需时 114 个小时，距离地球接近 38.44 万千米。而过去，中国发射的卫星距离地面一般都在 3.58 万千米左右。

根据中国月球探测工程的四项科学任务，在"嫦娥 1"号上搭载了 8 种 24 台件科学探测仪器，重 130 千克，即微波探测仪系统、γ 射线谱仪、X 射线谱仪、激光高度计、太阳高能粒子探测器、太阳风离子探测器、CCD 立体相机、干涉成像光谱仪。

在初样研制阶段，有电性星和结构星这两颗初样卫星承担卫星测试工作。

电性星的试验主要是用于一些带有电子性能的设备的综合测试，结构星的试验主要是要考核结构设计的合理性和整星上温度控制设计的合理性。两颗初样星进行整星测试。整个初样测试阶段持续到 2007 年 6 月份，随后进入卫星正样星的研制阶段，进行"嫦娥 1"号正样卫星的研制。

为了保证完成月球探测工程任务，对承担卫星发射任务的"长征 3"号甲火箭进行了 41 项可靠性的设计工作，以提高其运载可靠性。

"嫦娥 1"号月球探测卫星于 2007 年 10 月 24 日在西昌卫星发射中心由"长征 3"号甲运载火箭发射升空。运行在距月球表面 200 千米的圆形极轨道上执行科学探测任务。

北京时间 2007 年 10 月 24 日 18 时 05 分左右，"嫦娥 1"号探测器从西昌卫星发射中心由"长征 3"号甲运载火箭成功发射。卫星发射后，将用 8~9 天时间完成调相轨道段、地月转移轨道段和环月轨道段飞行。经过 8 次变轨后，于 11 月 7 日正式进入工作轨道。11 月 18 日卫星转为对月定向姿态，11 月 20 日开始传回探测数据。

2007 年 11 月 26 日，中国国家航天局正式公布"嫦娥 1"号卫星传回的第一幅月面图像。

2007 年 12 月 12 日上午 10 时，庆祝我国首次月球探测工程圆满成功大会在北京人民大会堂举行。

2009 年 3 月 1 日 16 时 13 分，"嫦娥 1"号卫星在控制下成功撞击月球，为我国月球探测的一期工程画上了圆满句号。

知识点

中国首次月球探测工程五项工程目标

中国首次月球探测工程由月球探测卫星、运载火箭、发射场、测控和地面应用等五大系统组成，工程系统五项工程目标：

1. 研制和发射我国第一个月球探测卫星；
2. 初步掌握绕月探测基本技术；
3. 首次开展月球科学探测；

4. 初步构建月球探测航天工程系统；

5. 为月球探测后续工程积累经验。

我国取得的载人航天成就

在独立自主基础上发展起来的我国航天事业，起步较晚，但起点较高。

中国进行载人航天研究的历史可以追溯到 20 世纪 70 年代初。在中国第一颗人造地球卫星"东方红 1"号上天之后，当时的国防部五院院长钱学森就提出，中国要搞载人航天。国家当时将这个项目命名为"714 工程"（即于 1971 年 4 月提出），并将飞船命名为"曙光 1"号。然而，中国在开展了一段时间的工作之后，认为无论是在研制队伍、经验方面，还是在综合国力、工业基础方面搞载人航天都存在一定的困难，这个项目就暂时搁置了。

"神舟 2"号

20 世纪 70 年代初，中国第一颗人造地球卫星"东方红 1"号上天之后，开始了"东方红 2"号、"东方红 2"号甲、"东方红 3"号等多颗通信卫星的研制工作。

进入 80 年代后，中国的空间技术取得了长足的发展，具备了返回式卫星、气象卫星、资源卫星、通信卫星等各种应用卫星的研制和发射能力。特别是 1975 年，中国成功地发射并回收了第一颗返回式卫星，使中国成为世界上继美国和苏联之后第三个掌握了卫星回收技术的国家，这为中国开展载人航天技术的研究打下了坚实的基础。

1992 年 1 月，中国政府批准载人航天工程正式上马，并命名为"921 工程"。在"921 工程"的七大系统中，核心是载人飞船，载人飞船由中国空间技术研究院为主来进行研制。

"神舟 3"号在预定地域着陆

"神舟 4"号

"921 工程"正式上马时中央就提出了"争 8 保 9"的奋斗目标，即 1998 年要在技术上有一个大的突破，1999 年要争取飞船上天。中国唐家岭航天城，为中国的载人航天工程完成载人航天的任务做了物质条件的保证。

1999 年 11 月 21 日凌晨 3 时 41 分，我国发射的第一艘试验飞船"神舟"号在完成了空间飞行试验后在内蒙古自治区中部地区成功着陆。

"神舟 5"号升空

"神舟 6"号升空

　　我国载人航天事业起步比国际社会至少晚了 30 年，比航天强国美国、俄罗斯至少落后半个世纪。但是，我国自从 1999 年 11 月 20 日发射"神舟 1"号载人试验飞船后，又于 2001 年 1 月 10 日、2002 年 3 月 25 日、2003 年 1 月 5 日，公接连 4 次发射成功"神舟"系列号的不载人试验飞船。航天专家认为，这些成功表明，我国已掌握了天地往返技术，和其他一系列关键技术。

　　2003 年 10 月 15 日，我国发射第一艘载人宇宙飞船，航天员杨利伟成为浩瀚太空迎来的第一位中国访客。

　　2005 年 10 月 12 日，中国第一位航天员杨利伟乘坐"神舟 5"号飞船进入太空，实现了中华民族千年飞天梦想。成功实现"多人多天"的载人航天飞行任务。在这次太空飞行中，我国还实现了第一次天地之间对话，创造了其他多个中国航天史上的"第一"。"神舟 5"号的成功发射和回收，使我国成为继俄罗斯和美国之后，第三个掌握载人航天技术的国家。

费俊龙和聂海胜着陆

"神舟 7"号载人飞船发射升空

2005 年 10 月 12 日，在酒泉卫星发射中心发射升空"神舟 6"号飞船，费俊龙和聂海胜两名中国航天员被送入太空，预计飞行时间为 5 天。先在轨道倾角 42.4 度、近地点高度 200 千米、远地点高度 347 千米的椭圆轨道上运行 5 圈，实施变轨后，进入 343 千米的圆轨道，绕地球飞行一圈需要 90 分钟，飞行轨迹投射到地面上呈不断向东推移的正弦曲线。轨道特性与"神舟 5"号相同。

时任美国太空总署署长的格里芬说，"神舟 6"号升空，证明中国已跻身世界航天的"精英国家"之列，中国再次展示，他们是一个能载人飞上太空的航天先进国家之一。时任俄罗斯航天局副主管的莫尔西耶夫说，中国已经加入了人类太空俱乐部，我们期望在所有范畴上跟其进一步合作，包括载人航天飞行。俄罗斯密切关注中国的太空计划。

2007 年 10 月 24 日，我国在西昌卫星发射中心，使用"长征 3"号甲运载火箭成功发射"嫦娥 1"号月球探测卫星，这是我国历史上第一颗月球探测卫星。这颗探测卫星运行在距月球表面 200 千米的圆形极地轨道上，执行了多项科学探测任务。"嫦娥 1"号月球探测卫星的完善发射，使中国人向着千百年的登月梦想逼近。

2008 年 9 月 24 日下午 14 时 30 分在酒泉卫星发射中心的"神舟 7"号载人航天飞行任务总指挥部新闻发布会上，"神舟 7"号载人航天飞行总指挥部宣布：2008 年 9 月 25 日 21 时 07 分至 22 时 27 分直接发射，进行载人航天飞行。届时中国的航天员将首次出舱来进行太空行走。

2008 年 9 月 25 日，我国第三艘载人飞船"神舟 7"号成功发射，3 名航天员翟志刚、刘伯明、景海鹏顺利升空。27 日，翟志刚身着我国研制的"飞天"舱外航天服，在身着俄罗斯"海鹰"舱外航天服的刘伯明的辅助下，进行了 19 分 35 秒的出舱活动。中国随之成为世界上第三个掌握空间出舱活动技术的国家。2008 年 9 月 28 日傍晚时分，"神舟 7"号飞船在顺利完成空间出舱活动和一系列空间科学试验任务后，成功降落在内蒙古中部阿木古朗草原上。

我国载人航天工程系统

载人飞船工程是我国迄今为止最大的航天工程，由 7 个系统组成，即：宇航员系统、飞船应用系统、载人飞船系统、运载火箭系统、发射场系统、测控通信系统和着陆场系统。

宇航员系统

宇航员系统是载人航天工程的一个重要组成部分，与其他 6 个系统相比，具有较大的特殊性。载人航天飞船工程与其他航天工程最重要的区别就在于人类的直接参与飞行。宇航员系统是一个以宇航员为中心的医学和工程相结合的复杂系统，涉及航天生命科学和航天医学工程等许多重要领域。宇航员系统的任务是负责制定出宇航员选拔方案、内容和标准，并选拔、培训出能够执行载人飞行任务的宇航员；对宇航员实施有效的医学监督和医疗保障；与此同时完成宇航服、食品和用具等装船项目的研制。

（1）挑剔的选拔

载人飞船是有人驾驶的空间飞行器，由于飞船的发射、运行以及返回过程中特有的环境条件的复杂性、严酷性，还有飞船本身技术的复杂性以及出现故障的可能性和危险性，这些都决定了飞船驾驶员——宇航员不是一般人可以胜任的。

宇航员首先要能适应火箭飞行过程和太空生活中的各种恶劣条件，其次还要完成各项航天飞行任务，所以宇航员的选拔和训练都是极其严格的，甚至用苛刻和严酷来形容也一点儿都不过分。宇航员都是从工作性质较接近的歼击机驾驶员中选拔的那些身体素质和心理素质均好，训练有素并具有相当飞行经验，而且愿为航天事业献身的人。

各国航天界对宇航员的选拔都是极其重视的，选拔宇航员是一个复杂的过程，被选上进行训练的人员也不一定都能成为真正的宇航员，所以说选拔上的人员只能叫预备宇航员或试验宇航员。要成为预备宇航员或试验宇航员还要过下面的几关：

首先是身体和心理素质的要求，要进行临床及住院的检查，生理学和心理学的检查。宇航员必须具备有健康的体魄、敏锐的思维和坚毅的性格。

鉴于太空生存的特殊要求，备选的宇航员必须进行详尽的医务检查。首先从研究所有病历资料做起，然后化验血液、尿和大便，接着进行心电、胸电冲击图检查，还要对胸腔、大肠、鼻旁窦、脊柱腰骶部位、胃、食管和牙齿的 X 光照片进行研究，另外，对眼科、前庭功能、心血管系统、肺活量等进行的一系列检查也是必不可少的。在以上提及的身体条件中尤以心血管、中枢神经系统最为重要。

由于航天活动的特殊性，还要求宇航员必须具备优良的心理素质，包括他们的个性心理、性格气质、智商水平和工作效率等方面的内容；考核他们在特殊环境下的适应能力、应急能力和耐力也是选拔宇航员必不可少的一项内容。备选的宇航员必须进行超重耐力、立位耐力、高低温耐力、最大体力负荷耐力实验，以及噪声、振动实验和完全隔绝的孤独实验。

其次，作为被选拔的宇航员，对他们的阅历、知识水平和知识结构方面的要求也是很高的。他们起码应有不低于大学的文化程度并且能够适应航天环境，可以迅速掌握好航天飞行器的操作。从以上可以看出，选拔出一个合格的预备宇航员是非常不容易的，"千军易得，一将难求"，这些人都是从无数候选者中千挑万选出来的，从各方面来讲都是人群中的佼佼者。

选拔固然不易，训练更是艰苦。在被选拔出的预备宇航员中，经过以后艰苦严格的训练、观察、测试检查，不断有人被淘汰，只有完全达到宇航员条件的人才能做正式的宇航员。

（2）艰苦的训练

那些刚刚入选的预备宇航员，在刚刚感到喜悦的同时，艰苦、枯燥甚至是苛刻的训练生活就开始了。

我们常人很难想象得到，一艘飞船有多少系统，每个系统有多少设备，每个设备又有多少个操作按钮，然而宇航员要一一地了解它，并且掌握它；我们同样不能想象，从火箭起飞到太空飞行，一直到返回舱安全降落地面，这其中要经历多少极其复杂而且与地面完全不同的过程，其中许多是人们在地面上做梦也想不到的，而宇航员要了解它、感受它，还要掌握它；同时，宇航员的太空之旅不是普通乘客的观光旅游，他们是去工作，要完成复杂的太空作业，他们必须掌握相关的所有知识。

由此我们可以想象得出，为了完成这么多的任务，宇航员要学习、掌握多少的新知识、新理论，要经受多少在地面上创造的严酷条件的考验。

对于宇航员的训练可以分为一般训练和专门训练：

一般训练包括了各种科学技术知识的理论学习，包括了天文学、地质学、大气物理学、机械、电子、测控、飞行力学、气象学、制导导航理论、计算机理论、火箭技术基础和航天医学生物学等；还要学习和熟练掌握飞船的总体设计情况，包括飞船的各系统组成、系统的工作原理、可能的故障模式和采取的对策；在飞船的生产安装过程中，还要观看飞船的生产情况、设备结构和飞船的安装情况等。

一般训练还包括体能的训练。如身体素质、忍耐能力和生存能力等方面的训练。

首先是体质训练。一般有大家都比较熟悉的早操、球类、田径、登山、游泳和体育比赛等。这项训练是在医务人员的监督下进行的，目的是增强体质，提高机体对各种应急因素的耐力。其中登山运动最为有益，它不仅能训练宇航员的体质，还可向宇航员提供低气压和氧分压、空气温度和湿度急剧变化及紫外线、红外线辐射的条件，以提高机体对特殊因素作用的稳定性。

其次是飞行训练和航天模拟训练。在航天过程中有许多对人类影响重大的外界因素，主要有飞船上升阶段和下降阶段的超重、震动和噪声，以及轨道飞行阶段的失重、真空、辐射和悬殊的温差变化。为了使宇航员熟悉和适应这些独特的环境状况，人们在地面上建立了一系列的模拟设备，例如大型离心机、失重飞机、震动台、噪声模拟器、变温舱、变压舱、辐射室等等。宇航员要在专门的设备上进行超重、失重、低气压、高低温度交变、振动、噪声、冲击、寂寞隔绝环境下的针对训练。

在航天生活中最常见到而且必须长期忍受的就是失重了，这也是宇航员生活与正常人生活最不同的地方，必须重点训练。在基础训练中和专门训练中都将重点进行，我们将在介绍专门训练时详细介绍失重训练的具体情况。

另外，经常的飞行训练可以保持宇航员的飞行技术，还可以进一步提高宇航员在可能的失误情况下迅速做出判断和反应的能力。

除以上训练外，还要进行必要的救生训练。为了训练宇航员在着陆后的自救能力，要进行热带、沙漠以及海上的紧急着陆训练。先以授课的形式讲解生存概念，各种环境条件特征和要素，然后进行生存方法的示范练习，最后每种情况至少进行一周的训练，内容包括：在无人营救的情况下，如何出舱、如何呼救、无线电联系、定向，甚至觅食、搭帐篷等一系列保证生存的工作。

专门训练是针对特定的飞船在发射前 1 年的训练。在专门训练之前，宇航员对飞船的有关知识已经掌握很多了。这时要对他们进行基本操作知识、操作技能和操作程序的训练，还有宇航员分组配合工作的训练，以及航天生活方式的训练。通过这种训练，使宇航员能够掌握飞行计划，并熟练地操控飞船完成预定的任务，很好地在太空中生存。

这时宇航员要在专门的飞船模拟器中进行训练，美国的休斯敦载人航天中心、俄罗斯加加林宇航中心都有完备的训练模拟器。模拟器可以完全模拟飞船的各个系统设备的工作情况，模拟飞船的发射、运行、交会对接、返回制动以及返回地球时的各种过程和现象，使宇航员就像进行真实飞行一样，完成一次完整的飞行，做应该做或可能做的各种工作。

除此之外，模拟器还可以根据对飞船的故障分析，模拟数百种故障。这种有意造成的故障，可以训练宇航员的分析判断、排除故障的能力及应变能力。经过这样的训练，宇航员在真正航天飞行过程中遇到故障也可以较好地完成任务，不至于手忙脚乱了。

宇航员还要再次接受飞行中可能受到的环境训练，例如飞船的热真空试验。这项试验是在特制的可以抽成真空的容器内进行，宇航员进入被放在真空模拟器中的飞船内工作，进行试验，模拟高真空和温度交变条件下的环境。

宇航员在太空中遇到的最普通又最长期的特殊情况就是失重了，为此宇航员必须接受严格的失重训练，并在起飞前再次接受这方面的长期培训。

为了在地面上能够形成模拟空间失重情况，人们想了许多办法。开始时是采用飞机的抛物线飞行造成失重环境，但是这种办法只能产生 30 秒钟的失重状态，后来又采用了落塔式、落管式等方法，但这些方法最多只能产生几分钟的失重环境。而宇航员在太空中要长期处于失重状态，为了训练宇航员对失重状态的适应能力，就必须创造长时间的失重环境，使宇航员达到在这种环境下训练的目的。为此，美国人在马歇尔空间中心研制了大型中性浮力水槽试验装置。

简单地说，这个装置就是一个盛有特殊制备用水的大型水槽，直径有23米，深12米。将受试物如飞船放入水中，利用水的浮力作用使它成为中性漂浮物，用以模拟零重力条件。让被训练的宇航员穿上宇航服，并在宇航服上经过适当的配重，使他呈现失重状态，就可以进行长时间的模拟训练了。

航天模拟训练除了技术性的训练还包括航天生活方式的训练。航天生活的衣食住行与地面上的生活截然不同，在宇航员进入太空前必须在人工大气的条件下、采用特殊作息制度生活一段时间，还必须学会太空食品的食用方法、在太空中穿衣睡觉等实际生活训练。

经过以上的选拔和训练中的淘汰，剩下的完全达到宇航员条件的人才能成为真正的宇航员，他们不仅要完全符合各方面的严格要求，而且鉴于太空飞行有极大的危险性，他们还要具有勇敢的献身精神，可以说他们都是太空探测的勇士。正是由于他们拥有勇敢的献身精神和勇于探索的能力，才使得人类的载人航天技术取得了辉煌的进步，他们为人类征服宇宙，探索空间做出了巨大的贡献。

（3）训练中的危险

宇航员的训练不仅艰苦、苛刻，而且有时候还要面临极度的危险，甚至面临死亡。

1967年1月27日，预计担任首次载人飞行的"阿波罗4"号飞船在美国的肯尼迪飞行中心进行地面试验，就在即将发射之际，指令舱内突然燃起了熊熊大火，顷刻之间，飞船就被淹没在了一片火海中，整个座舱内充满了火焰和浓烟，飞船中的3名宇航员只来得及说了一句"救救我们"，就没有了声息。

由于当时的舱门不能迅速打开，虽然地面人员迅速冲过去抢救了，但是为时已晚，3名宇航员已经都被活活地烧死了。

这3名宇航员是海军少校罗杰·查非、空军中校爱德华·怀特以及已经参加过两次航天活动的空军中校格里索姆。

经事后的调查，这次事故是由于电器线路的短路，造成了电火花，引燃了座舱造成的。

这次惨剧发生之后，美国宇航局对载人飞船的结构做了比较大的改革，安装了可以在2~3秒钟之内迅速打开的活动舱门以代替以前需用90秒钟才可以打开的旧舱门；用金属包皮代替了以前的聚四氟乙烯包皮；用不锈钢导管代替了以前的铝制导管；最重要的一点是后来的座舱中开始冲灌类似于地面空气成分的气体，以代替以前的纯氧。这些改革措施大大加强了宇航员在飞船起飞时的安全性。

"阿波罗4"号的事故使美国的"阿波罗"号第一次载人航天飞行推迟了1年多的时间。直到1967年10月，美国的"阿波罗7"号才正式载人飞入了太空。

为了纪念这3位为航天事业英勇献身的宇航员，1971年8月"阿波罗15"号登月飞船的登月舱登上月球的时候，踏上月球表面的两名宇航员所做的第一件事就是将查非、怀特和格里索姆的骨灰撒在月球的土地上。

"阿波罗15"号的宇航员撒下骨灰的同时，还在月球上安放了一块金属牌，牌上刻着到那时为止包括苏联的所有为人类航天事业献身的宇航员们的姓名，人类将永远不会忘记这些勇于探险的先驱们。

宇航员们就是要通过如此艰苦乃至要献出自己生命的训练，才可能成为一名正式的宇航员，才有了进入太空的资格。然而要真正拿到太空的通行证，要想成为一名真正的征服太空的勇士，光凭上述这些还不够，因为即使成为了正式宇航员也不一定意味着可以真正踏入宇宙，他们还必须经过最后一关——上天前的选择。

（4）最后的选择

苏联的宇航员加加林是世界上第一个离开地球进入太空的人，实在可以说是一个幸运儿。那么是不是每一个正式的宇航员都有进入太空的幸运呢？当然不是的。

为了保证载人航天任务的顺利实施，宇航员一般要有多组人选。起码要有两组人选，这些人选即候补宇航员。据说加加林当年也不过是一个候补宇航员，他步入太空还具有一定的戏剧性呢！

苏联的"东方"号飞船一次只能上一个人，一组人中共有3名人选，而加加林是第三名，即最后一名。巧合的是第一名宇航员可能是因为精神紧张，晚上没有休息好，在第二天即将发射前，做最后的身体检查时，被发现血压不正常，心律也不佳，就被淘汰了。更巧的是，第二名宇航员在检查身体时，也未达到飞行的条件，又被淘汰了。而加加林心境平和，情绪放松，十分自如，一经测量，一切正常。最后，加加林完成这一划时代的使命，加加林的名字也因此而载入史册。

通过上面的故事来看，我们可以说加加林是历史的幸运儿，由此我们也可以看出飞行前心理素质的重要性了。飞行前心态的调整就是进入太空前宇航员要过的最后一关。

（5）医疗监督与保障

宇航员系统不仅要选拔和训练宇航员，还要对宇航员实施有效的医学监督和医务保障。

宇航员的健康和生命极为重要。

宇航员的整个训练过程都必须在医务人员的监督下进行。医务人员必须对宇航员进行定期的身体检查，对宇航员的小恙也忽视不得。

宇航员们在太空中的健康更是不容忽视的大问题。载人飞船上设立有遥测设备，这些设备除了向地面传送飞船的各种工程参数以外，最重要的一个任务就是随时向地面传送宇航员的生理参数，如血压、心率、体温、呼吸状况等；同时宇航员身上重要部位被安装了各种传感器，传感器被观察监视宇航员的身体健康状况和在空间条件下工作时各种生理特征的变化和反应。这样做不仅是为了获得一些人类在太空生活状况的重要参数，主要也是为了宇航员的健康和安全考虑的。自从宇航员一离开地面，地面医务人员的心也就紧跟着紧张起来了，他们随时密切关注着宇航员的每个变化，一旦发现宇航员的身体出现异常的状况时，就会马上与载人飞船联系。如果情况不严重，医务人员会指导宇航员自我治疗；如果情况严重，宇航员就要马上返航。

可以说，宇航员从开始参加选拔一直到顺利返回地球都在医务人员的控制之下的，他们能够取得今天如此的成就，医务人员功不可没。

（6）后勤研制与供应

载人航天整个工程就像一场巨大的战役，俗话说："兵马未动，粮草先行。"这正好说明了后勤的重要性。

后勤部门主要负责宇航服、航天食品和航天用具等装船项目的研制，这些都是直接关系到宇航员在太空中的生活乃至生存的重要物品，每个细节都必须考虑周到。

宇航员在太空中的饮食和生活用品将有一章做专门的介绍，下面就以美国首次登上月球的"阿波罗11"号的宇航员们所穿的宇航服来说明航天后勤工作的复杂性。

美国宇航局为宇航员登月而特别研制的宇航服每件价值30万美元，由服装、背包生保系统、应急氧储备和天线装置构成，总重量达到了93千克。看到这里有人会问：穿上这么重的宇航服，宇航员还走得了路吗？这些事儿专家们考虑得很清楚，月球的引力只有地球的1/6，这一整套设备在月球上只有15.5千克重，宇航员穿上它依然可以步履如飞，绝对不会影响他们的工作。这套宇航服一共由16层材料组成，可以保温、供氧，还可以防止微陨石的袭击。

宇航服上的头盔是与宇航服分离的，使用时用一个金属卡圈与宇航服的头颈部连接到一起。头盔的外壳由一种很结实又很轻巧的聚碳酸盐类材料制成，可以有效防止比较大的撞击。头盔还设计有两层面罩，可以保护宇航员的眼睛不受太空间强烈的紫外线、红外线以及细小的流星微粒的伤害。

与宇航服配套的手套也是特制的，有一个特殊纤维制成的外壳，内层是绝热的材料，以避免宇航员在工作中与极热或极冷的物体接触时手受到伤害。手套的指端由硅有机橡胶制成，可以提高宇航员手指的敏感性，使得宇航员戴上了看似如此笨重的手套，仍能进行非常细致的工作。

与宇航服配套的套靴的制作也是异常精细的，一共由21层绝热材料制成，可以保证宇航员在任何情况的地面上如履平地。

宇航服虽然很好，但是毕竟不太舒适，宇航员在飞船中不能一天到晚都穿着它。为此，除了在太空中穿的宇航服之外，后勤部门的专家们还为宇航员们量身制作了一套在载人飞船生活舱内穿的飞行服。这套飞行服由特氟纶材料制成，非常轻便，保暖性能良好，适合宇航员平时在生活舱中穿着。即使这样一套只在生活舱中穿的飞行服，科学家们也没有忘记在衣服上设计了一个特制的口袋，里面装入了宇航员在太空中的一些必备用品，以防不测。

从以上这些，我们就可以看出后勤研究部门考虑得有多么周到了。正是由于他们细致周到的工作，宇航员们才能在太空中生活得健康、安全和舒适。所以我们才说后勤保障是载人航天必不可少的重要环节。

飞船应用系统

飞船应用系统的主要任务就是利用载人飞船进行众多的空间实验，在太空中开展对地观察、环境监测以及进行材料科学、生命科学、空间天文学和流体科学等学科的应用和实验。

载人飞船系统

"神舟"号载人飞船，完全是我国自行研制的，是我国目前发射的最大的空间飞行器，它的发射充分显示了我国航天技术的实力。

下面介绍载人飞船系统的主要设备：

（1）飞船的保护层——整流罩

这是飞船发射时必不可少的一个设备——整流罩。

就像前面发射情况下看到的那样，在火箭发射的时候，我们其实并看不到飞船是什么样子，而只是看到了一个大罩子，这个罩子是什么呢？它又有什么用呢？

我们所见到的这个大罩子就被称为整流罩，它的作用是保护飞船。一方面因为飞船上有很多娇气的设备，例如太阳能电池帆板、飞船上用来对地观测的窗口，这些设备为了防止污染，在发射前都需要保护；另一方面就是为了防止飞船发射时的气动加热。

那么，什么叫气动加热呢？火箭从发射台起飞后，它的速度是从零开始逐渐加大的，在飞出大气层以前就可以达到 2 ~ 3 千米/秒的速度，这么高的速度会使得飞船和大气产生强烈的摩擦，产生巨大的热量。我们都知道摩擦生热的道理，在火箭发射时产生的这种摩擦生热的情况就叫做气动加热。

在火箭和飞船进入太空的阶段气动加热会使太阳电池过热，影响使用的效果，甚至会损毁太阳电池，使得载人飞船在进入太空后没有能量。还有，气动加热烧毁的东西还会污染飞船的窗口，影响飞船在太空中执行任务的质量。

因此，为了保护飞船，使得飞船可以在太空圆满完成任务，飞船在发射之前就包在了整流罩里，直到飞船飞出大气层后整流罩才被抛掉，这时载人飞船才以真面目暴露在太空空间里。

（2）飞船的三个舱段

轨道舱位于飞船的前部，是飞船重要的舱段。轨道舱为密封结构，其外形为两端带有锥角的圆柱形，作为宇航员的主要工作舱和生活舱，宇航员在太空中的主要活动都将在这里进行，所以里面设有完备的生活和工作设施。另外，宇航员在太空活动期间，轨道舱还兼具有效载荷试验时的实验舱、交会对接试验时的对接目标、宇航员出舱活动时的气闸舱以及作为天地往返运输器时的货舱。

轨道舱除了以上功能还有一个重要的功能，就是作为卫星的功能。载人飞船完成了轨道任务返回时，不是一起回来的，只有返回舱回到地面，其他的两个舱段就留在了轨道上。因此，轨道舱还将在轨道上工作下去，起到了一颗卫星的功能。这是一个非常巧妙的方法，既完成了空间任务，返回舱带着在太空中得到的成果返回了地球，轨道舱又得到了废物利用，避免了不必要的浪费，实在是一举几得的好事。

飞船中部呈倒锥形的部分就是返回舱了。返回舱为密闭防热结构，是宇航员们的座舱，宇航员们还要靠它返回地球，所以对它的要求最高，它要有一系列的设施以保障宇航员们的安全。

之前已经谈到了气动加热的问题，返回舱返回地面的时候同样会遇到这个问题。而且返回舱在返回时以 8 千米/秒的速度冲向地球，距离地球越近大气的密度也就越大，返回时的气动加热比发射的时候还严重得多，因此就会产生更大的热量。然而此时飞船已经没有整流罩的保护了，这就要靠返回舱了。因此，对返回舱的结构材料的要求很高，必须要解决一系列的技术问题，使得返回舱要有良好的防热和隔热性能，飞船不仅不能被焚毁于大气层中，还要保证飞船内部的温度不能超过一定的范围，否则宇航员承受不了也将前功尽弃。

气动加热的问题在航天史的早期被称为热障，意思就是说气动加热是一道难以逾越的屏障。当然，随着科学技术的发展，这个屏障早已被聪明的人类越过了，但是，气动加热问题在现代航天界依然是一个技术难关，目前世界上也只有美国、俄罗斯和中国解决了这个问题。

推进舱位于飞船的尾部，也是一个圆柱体，而且由于宇航员不会进入这个舱段，所以推进舱的结构是非密封的。其底部是与火箭对接的对接面，舱内主要装有飞船的动力装置。推进舱的主要作用是存贮燃料和用于飞船的姿态控制、轨道维持、变轨和制动等。

载人飞船上在这三大舱段内还装有许多系统设备，例如生命保障系统、通讯系统以及宇航员的生活设施等。

运载火箭系统

对于载人飞船的发射，火箭可是极为重要的一环，载人飞船必须得由火箭加速到一定速度并送入预定轨道，载人飞船才能围绕地球飞行，遨游太空。

"神舟"号载人飞船的发射利用的是我国自己研制的"长征"系列运载火箭。"长征"系列运载火箭曾经多次在我国的发射史上立下大功，在世界的运载火箭系列中也享有盛誉。

"长征"系列运载火箭虽然出色，但直接用来发射载人飞船还是不行的。火箭发射载人飞船时，宇航员的安全性指标要达到 0.997 以上，所以原来的"长征"号运载火箭用于载人飞船的发射，其可靠性还是远远达不到要求。

为了达到宇航员安全性指标，"长征"运载火箭还要进行大量的适应性修改设计，以提高火箭的可靠性和安全性。工程技术人员对"长征"运载火箭原有的箭体结构、动力装置系统、控制系统、遥测系统、外弹道测量系统都进行了改造，提高了其可靠性，另外还增加了故障检测系统和逃逸救生系统，以提高上升阶段宇航员的安全性。

火箭的故障检测系统和逃逸救生系统的设置是载人航天不同于其他航天飞行器的突出特点，是保障宇航员安全必不可少的设施。

首先发射载人飞船的火箭上必须有故障自动诊断系统，能够随时监测火箭各个部位和各个系统是否出现了故障，而且能够立即识别出故障的严重程度，判断对宇航员的安全是否有威胁。一旦发现严重的事故，就要启动逃逸救生系统，使逃逸飞行器与火箭的所有机械、电路、气路、液路迅速分离，并带领宇航员飞行到安全的区域。这一系列动作往往只争毫秒之间。

能不能准确地进入预定的轨道是飞船能否正常工作和准确返回的关键的第一步，而发射入轨则主要是火箭的功劳，所以说"神舟"号顺利进入太空，"长征"火箭立了一个头功。

发射场系统

（1）建立发射场的地理条件

我们的国土虽然辽阔，但航天发射场对地理条件的要求非常的苛刻，要有合适的地理位置和地形，要有良好的气象与水资源，还要有可靠的安全保障条件，并不是什么地方都可以建发射场的。而载人飞船的发射场在选择地址的时候，不仅考虑到要具有发射其他航天器的条件之外，还必须更多考虑到参与飞行的人员安全问题。

首先，航天发射场的地理位置就非常讲究。众所周知，地球是自西向东旋转的，为了充分利用地球自转这一特有的资源，节省发射的能源，航天器一般都是自西向东发射的。发射场位置的选择要满足轨道倾角的要求，比如对于地球静止轨道，发射场的位置就要纬度低，而大轨道倾角发射场纬度就要高。

另外，发射场应该选在周围没有较大干扰源的地方，以保证发射时有较好的空中和地面的电磁环境，不会干扰飞船与地面指挥中心的通信。

天气条件也是建立发射场所必须考虑的前提条件之一，恶劣的天气条件例如雷电和低温、潮湿、大风的天气都会对发射的安全造成威胁，有时还可能引发重大的航天事故。

雷电可以使火箭或航天器上的电子线路发生感应，产生极强的电流，导致测控系统或遥控系统遭到破坏，影响航天器与地面指挥中心的联系，甚至还可能引发爆炸，造成重大的空中灾难。

1969年美国的"阿波罗12"号载人飞船就是在发射后突然遭遇雷电的袭击，导致电源发生故障，飞船与地面指挥中心的联系中断，整个飞船失去了控制，幸好飞船上的宇航员及时启动备用的电源才避免了一场大祸。然而事后我们想一想，如果这次雷击损坏的是没有备用件的重要零件，那么后果就不堪设想了。所以，在选择发射场地址时，对此地区是否为雷电多发区的调查，一定要认真细致，不能有半点儿马虎。

低温和潮湿的天气对航天器发射的影响也非常大。低温天气会使火箭和航天器的表面结冰，阻塞燃料箱的排气孔，还会导致火箭上的一些密封元件受损；而潮湿的天气则会使雨水渗入火箭和航天器的内部，导致仪器设备受潮，造成电路的短路，最终引发事故。1986 年 11 月 28 日，在美国发生的震惊全世界的"挑战者"号航天飞机失事事件，导致惨剧最重要的原因就是严寒天气使连接部件的密封橡胶圈受损，造成了燃料泄露。

大风的天气对航天器的发射也有一定的影响。由于现在的载人航天采用的都是"三垂"模式，航天器与火箭都是在技术区就已经组装好了的，整体垂直安装到高耸入云的发射塔架上，可以想象这种高度受风力的影响是多么的大了。大风天气会导致竖立在高大的发射塔架上的运载火箭发生晃动，产生变形，继而酿成重大的事故。

根据以上的分析，在地理条件方面发射场应该选择在雷雨天气少、湿度低、风速小、温度适中的地点。

除了地理条件，建立发射场还要考虑其他的一些条件。

首先是对水源的要求。因为火箭在升空时会喷射出炽热的火焰，形成极度的高温，必须在火箭升空后用大量的水降温来冷却发射台。同时，航天器的发射要有各种的技术支持，要有许多技术人员的参与，所需的生活和工业用水也是一个不小的数字。所以发射场一般都要建立在水源比较丰沛的地方。

还有火箭发射方向的航区近百千米的区域内最好没有高山密林和比较集中的居民区和工业区，因为航天器的发射会造成一些不可避免的危害，例如运载火箭燃料燃烧时产生的危害环境的有害气体；火箭发射时产生的巨大的危害人体健康的噪声。另外，火箭的第一级在完成运载航天器的任务后会自动坠毁，其残骸会降落到发射场附近的范围内；而航天器发射时发生事故后，宇航员被逃逸飞行器带离现场后也会降落在这一范围内。这种环境的选择是为了便于在紧急的情况下进行宇航员的救生工作，还有保障地面居民的安全。

另外，发射区在发射中还要安排一支强大的搜索救援队伍，以防止在发射时发生意外，尽最大可能保障宇航员的生命安全。

被誉为"戈壁明珠"的酒泉发射中心，是我国目前最大也是设备最先进的卫星发射中心，曾经为我国的卫星发射工作立下了赫赫战功，我国的第一颗人造地球卫星——"东方红 1"号就是在这里升上太空的，就是在这里结束了我国没有卫星的历史。

当时，酒泉卫星发射中心的环境条件基本上满足了载人航天发射的要求，然而其设备条件还不能满足载人飞船的发射要求，在充分利用已有公共设施的基础上，又建立了一个新的发射区。

（2）"三垂"模式

新的发射场的建立遵循了"在确保安全可靠的前提下，强化技术区、简化发射区，从总体上体现中国特色和技术进步"的指导思想，采用了与国际先进水平接轨的"三垂"模式和远距离测试发射控制技术。

什么叫"三垂"模式呢？在介绍这个问题之前还要对发射场的情况做一个简单的介绍。

一般发射场为了工作方便与安全，主要分成了两个区域：一个称为技术区，其中有条件讲究的测试厂房和完备的测试用的仪器和设备，火箭和飞行器首先要运到技术区，在这里分别进行必要的装配和各自的检查、测试；在距离技术区一定距离的地方是发射区，用来发射各种航天器，在发射区内用来进行发射的地点叫做发射工位，这里有发射台和高大的发射塔架，有时在一个发射区内可以有好几个发射工位。

按照以往的情况，火箭和飞行器分别以水平的方式运送到发射区，然后把火箭一级一级竖立起来进行对接和连接固定，接着再把要发射的飞行器由发射塔架的吊车吊装在火箭的最后一级顶部，进行连接和固定，最后还要进行测试，经过这一道道的工序，飞行器才可以进行发射。这样的工作复杂，且操作的时间很长，已经不再适应迅速发展的航天事业。

而所谓的"三垂"模式，就是指垂直总装、垂直测试、垂直运输和发射这三项垂直工作的总称。在"三垂"模式里，火箭和飞行器就在技术区的厂房内进行垂直状态的总装和对接，然后就地进行垂直状态的分别测试和联合测试，在做好充分的准备后，状态不变地以垂直方式直接运送到发射场进行加注发射。

"三垂"模式对技术区的厂房要求很高，由于飞行器要在厂房中垂直总装，所以总装车间的厂房是很高的，光大门就有七八十米高，这个车间的高度就可想而知了。要建立这样一个厂房是很有难度的，要考虑地面的压力；要测量地下的地质水文；要考虑风力的影响；要考虑地震的袭击；还要考虑厂房的密封以及温度、湿度各方面的要求。

在技术区安装测试好的火箭和飞行器一起在垂直状态下运抵发射场，这个运输的问题也是一个技术难关。如此的庞然大物要安然运送到发射场，运输时的速度、震动、倾斜乃至风速都要考虑在内。

那么，既然"三垂"模式如此复杂，为什么还要采用这种模式呢？首先，发射前的技术准备工作都尽可能地放在了环境良好、条件优越的技术区来做，这里的对接、测试的条件都优于露天操作，火箭和飞行器的安全可靠性明显提高了。

另外，"三垂"模式最重要的优越性就表现在占用发射工位的时间少。这个问题在航天事业的发展中很重要。将来我们的航天事业发展了，发射的任务多了，特别是发展了空间站之后，"三垂"模式的优越性就表现得很明显了。飞船与太空中的另一艘飞船或者空间站对接的时间要求很严格，也就是说太空中的航天器运行到一定的地点上空时，地面待发的飞船必须按时发射上天，经过一段时间的飞行正好赶上太空中的航天器才能对接成功。如果我们还运用以前的发射方式，一切都在发射工位上准备就会带来许多的麻烦。像早先美国的航天飞机要在发射工位上准备半年的时间，具体对接时间很难计算准确，而"三垂"模式在发射工位上只需几天就可以准备完善。在发射任务繁重时，"三垂"模式还可以避免一个航天器占用太久的发射工位，使发射工位的使用率明显上升。

（3）为了地面人员的安全

新建的发射场还在其他方面取得了巨大的进步，大大增加了参加发射工作的地面人员的安全。

发射前加注燃料历来是火箭发射中最危险的步骤，由于新建发射场的主要目的是发展载人航天，所以技术专家们经过认真研究和试验，研究了一整套安全的注射措施，将400多吨推进剂分别加注到火箭和航天器的近20个燃料箱中。这种技术可以保证燃料一滴都不会漏出来，既安全又防止了燃料的无谓浪费。

中国原有的发射场中，发射控制室与发射台之间的距离小，万一火箭发生爆炸，就会严重威胁到对发射进行测试的地面工作人员的安全。新建的发射场控制室一改原来的做法，设在了距离发射场较远的安全区，实行远距离测试与遥控点火发射，保障了在发射场的地面工作人员以及技术专家、指挥人员的生命安全。

　　为了宇航员的安全，发射塔架上备有一条快速撤离通道，通道一直通到远离危险区的地下掩体里。在紧急情况下，已进入座舱的宇航员可以通过它迅速撤离危险区。

　　我们已经知道宇航员的工作存在一定的危险性，其实发射场的工作人员也时刻处于危险之中。为人类的航天事业献身的不只有宇航员，航天史上也曾经有地面人员发生事故的惨剧。

　　1960年9月的一天，苏联哈萨克斯坦著名的拜科努尔发射中心异常忙碌，一颗新的火星探测器将在这里升起，又一个世界之最就要在这里产生了。

　　当时的苏联领导人赫鲁晓夫为了要向世界显示他们的空间技术实力，命令当时的国防部副部长兼火箭部队司令涅杰林元帅带领几十名将、校级的军官来到了拜科努尔发射场，对卫星发射的准备工作进行督促。

　　当时负责发射的火箭总设计师科罗廖夫向元帅汇报了火箭发射前遇到的种种问题，并且极力建议火箭的发射延期再举行，然而渴望成功的涅杰林元帅拒绝了科罗廖夫的合理建议。

　　火箭按时准备点火发射，但是按动按钮的时候燃料却没有被点燃。按理说这是十分危险的，必须马上排除燃料后进行认真彻底的检查。而涅杰林元帅在急切求功心理下失去了理智，命令科罗廖夫组织工程人员不排除燃料就地检查。科罗廖夫坚决拒绝了，元帅亲自带领几十名高级军官、工程师和科学家登上了发射平台，准备检查故障原因。

　　就在元帅及其随行人员刚刚踏上发射平台的时候，火箭猛烈地喷出了一束火焰飞上了天空。然而火箭刚刚升起马上又一头栽了下来，几十吨的液体燃料引发了一场大爆炸，发射平台立刻就陷入了一片火海之中。

　　这是一次人类航天史上伤亡最多的事故，曾经被苏联政府部门掩盖了20多年，一经披露就震惊了世界。除技术上的原因之外，不重视安全地蛮干，对科学的不尊重是导致事故发生的主要原因。

　　由以上的事例我们可以看出，在发射的过程中地面工作人员的安全也需要慎重考虑。要保障地面工作人员的安全，就必须有强有力的安全保证措施和设备，还要尊重科学，按科学的程序办事。

测控通信系统

当宇航员乘坐载人飞船在太空飞行时，需要有强大的地面支持，而完成保持天地之间的经常性联系的任务就是测控通信系统了。载人航天对于测控通信系统的要求是非常高的，这也是从宇航员的安全角度考虑的。

任何航天器进入太空后都是按照一定的轨道飞行，这期间有时在中国领土的上空，有时又在别国领土的上空，我们要随时知道它的飞行情况，如当前的位置，仪器设备的工作情况，各舱段内的压力、温度、湿度、有害气体浓度、宇航员的生理状况、宇航员在舱内活动的电视图像等。另外，地面指挥人员还要定期与宇航员通话，如果航天器发生了故障，技术专家要指导宇航员对其进行控制和修理，所有这些都要靠测控通信系统来完成。

航天器上的测控通信系统包括航天器内的设备和地面测控设备两种，航天器内装有各种接收机、发射机、天线等设备，主要用于接收地面的无线电信号或者向地面发送有关飞船的信息；地面测控系统则包括了各种雷达站，负责接收和发送各种命令信号。下面具体介绍的是地面测控系统。

载人航天要求高安全性和高可靠性，所以要求测控通信系统必须有较高的覆盖率。发射"神舟"号载人飞船时，中国在没有中继卫星的情况下，采用了陆基测控站和海基测控站结合组成测控网的方式，利用载人飞行指挥控制中心，将分布于我国大江南北的各个测控站有机地联合在一起进行管理，圆满地完成了测控通信的任务。

对载人飞船的测控通信任务一般分为飞船的上升段、运行段和返回段3个部分。

在飞船的上升段，对火箭的遥控指令较少，一般是火箭的自毁和宇航员的逃逸控制，然而这时飞行的时间比较短，飞行环境最为恶劣，如果出现故障往往造成灾难性的后果，所以这个阶段对飞船的测控一定要保证达到100%的覆盖率。

飞船进入轨道之后，虽然比较安全了，但是这时飞船要执行许多的任务，需要地面遥控的时间也很多，例如在轨道运行时的变轨飞行、飞船与飞船或空间站的交会对接、宇航员的出舱活动以及故障的处理等等。

飞船的返回段，要保证飞船的调姿、舱段的分离、制动和黑障区前后的测控通信的覆盖。这时，由于飞船返回段的距离比较长，所以对覆盖率的要求也比较高。

飞船从开始执行返回指令到在地面上安全着陆，整个航程需要几千千米甚至上万千米，而一般的卫星的返回过程就用不了飞行这么长的距离，那么载人飞船的返回为什么需要如此之长的距离呢？这主要是为了宇航员的安全考虑的。因为飞行的距离越短，要求其减速的速率就越快，产生的过载值就越大，而过大的过载值会对宇航员的身体健康甚至生命安全造成威胁，所以为了保障宇航员的安全，要求过载值不超过 $4g$（g 是指在地球上的重力加速度），使宇航员处于最佳的降落状态，就必须加长返回段的距离，这就加大了对地面测控通信系统的要求。

由以上我们可以知道，飞船的上升段虽然遥控指令少但非常危险，测控系统必须紧张地注意，而飞行段和返回段虽然没有上升段那么危险，可是距离长，所需指令非常多，对覆盖率的要求也高。所以，保证载人飞船顺利完成全部任务，测控通信系统的作用功不可没。

在测控通信工作中特别值得一提的是海基测控站，或称测量船。测量船位于航天器飞经的海面上，对航天器进行跟踪和测量，因为地球表面大部分是海洋，所以只有在海上设置测量船，才能做到对航天器进行不间断的跟踪和测量。

着陆场系统

飞船顺利地通过了危险的上升段，圆满完成了太空中的各项试验任务，这时最重要的阶段——返回段就要开始了，飞船能否成功着陆才是整个飞行任务完成的结尾。可不要小看这个结尾，它的重要性一点儿也不亚于上升段和运行段。

进行载人飞行必须要建设可供返回使用的着陆场，由于航天器大都是使用降落伞回收，所以对着陆场的要求不像飞机场那么高，但是对通信系统和地理环境的要求比较高。

着陆场的选择一般分为陆地着陆和海上溅落两种，飞船具体选择哪种方式降落要根据本国地域特点和国情加以确定。如果是一个国土面积比较狭小而人口又比较稠密，或者是海上力量比较强大的国家，就可以选择海上回收的方式；如果是一个国土面积辽阔，有人员相对比较稀少的地区的国家，就可以选择地势开阔人烟稀少的地区作为着陆场，这样既节省回收的人力和物力资源，又可以较好地保障宇航员的安全。不论是陆地着陆场还是海上溅落场，都要求有足够大的面积，使得航天器降落时即使有误差也在掌握之内，可以保证迅速地回收航天器。

返回舱和宇航员都带有各种各样的标位设备，在着陆后迅速标明自己的位置，以便于地面人员寻找。返回舱上配备有短波、超短波的信号机，不停地向外界发射信号，而宇航员身上也有通信系统，可以向地面指挥中心报告自己的位置。返回舱上还安装有闪光灯，以便于地面人员在夜晚进行找寻工作。

若溅落到了海面上就比较麻烦了。首先，在飞船的外形设计上就要考虑到这一点，要保证飞船溅落到海里之后不下沉、不倾倒、不进水。另外，返回舱的底部还须装有海水染色剂，一旦落入海水中就会释放出来，把附近水域都染成其他的颜色，便于飞机的搜索和打捞。

作为我国这样一个幅员辽阔的国家，采用陆地着陆的方式比较有利。我国的内蒙古高原地势平坦，其中西部地区几乎没有江河、湖泊、山地和大片的森林，到处都是平坦的草原、戈壁和沙漠，完全符合航天器着陆场的要求。

着陆场的建设还要考虑到通信系统的支持，要综合使用本国的航天测控通信网。因为在飞船返回过程中，还要接受地面一系列指示，最为重要的是地面测控通信系统还要确保航天器通过"黑障区"后的联系。

那么什么叫"黑障区"呢？

"黑障区"是距离地面大约80千米的一段区域，基本相当于大气的电离层，在这个区域里，气体被电解分离，形成了一层等离子体，可以阻挡无线电波的通过。"黑障区"就像在航天器的前面戴了一个隔离罩，使返回舱和地面的联系暂时中断。这是一个很严重的现象，飞船进入"黑障区"后是地面控制中心最紧张的时刻，一旦返回舱冲出了"黑障区"，地面控制中心就必须及时地"抓住"它，然后跟踪它，因为飞船的下降速度非常快，如果没有及时"抓住"它，目标就会丢失，会给后来的回收工作带来极大的困难。

为了应付各种情况的出现，要专门建立一支搜索救援大队，这支队伍的人数、素质要求以及装备可谓庞大。这项工作非常重要很受重视，因为回收是最后取得成果的阶段，搞不好就会前功尽弃，甚至造成人员伤亡。

搜索救援大队的主要任务就是要及时地搜索和发现飞船的返回舱；确定其着陆点的具体位置和地理坐标，然后组织搜索人员和设备赶赴现场，及时撤出宇航员并进行必要的医疗救护并送到测试中心详细地检查处理；同时对返回舱进行技术处理维护，取出飞行文件及设备，最后把返回舱送到检测中心，进行技术分析。

搜索救援大队不论是从人员配备上，还是从技术装备上都是一流的，是一支常备不懈的强大的机动部队。人员上要包括有经验的飞行员、医生、各种特种车辆的司机、通信专家、气象专家、空降人员、潜水人员、救援人员等。设备包括了搜索飞机、运输机、直升机、水陆两栖工具、无线电定向仪、无线电通信器材、食品、水等，真可谓应有尽有。可以说是海、陆、空三军出动，各种专家云集。

尽管着陆场备有完备的搜索、救护等设备，宇航员返回时还要做好孤军奋战的准备，要带上必备的自救物品。这是因为如果飞船降落时发生一些故障，返回舱很可能会降落在距离正常落点很远的地方，回收营救人员一时不能赶到现场，甚至几天之后才找到宇航员，这种情况也是曾经出现过的。

为了应付上述状况，在飞船的返回舱甚至宇航员的背包内都备有各种各样的自救物品：足够使用一两天的饮水和食品；各种通信联络设备，如呼救对讲机、信标机、电台，以便设法和外界取得联系；一些专用的工具，以便饮水和食物用光之后或者由于舱门变形一时打不开时，设法破坏舱壁出舱；信号枪、武器、匕首、火种等物品，一是为了防止野兽的袭击，二是为了宇航员在长期得不到援助时可以自行狩猎用以充饥；还带有适于在任何环境下生存的生活用品，像救生艇、救生衣、防寒服、医药用品等等，甚至连钓鱼的渔具都考虑在内了。有了这些物品，使得宇航员不论降落在什么地方，即使一时没有得到救援也可以安全地生存下去。

上文提到了载人航天工程各个系统的严格与复杂的建立过程，还有关于党中央领导对航天事业的关心与支持，那么载人航天工程为什么受到那么多的重视呢？发展载人航天对我们国家的发展和我们的生活又有什么影响呢？

载人航天是指人驾驶和乘坐载人航天器在太空中进行各种探测、研究、试验、生产和军事活动的往返飞行。其目的在于突破地球大气层的屏障和克服地球吸引力，把人类的活动空间从陆地、海洋和大气层扩展到外层空间，更广泛更深入地认识和了解整个宇宙，并且充分利用太空和载人航天器的特殊环境进行各种研究和试验，进而开发太空丰富的资源和能量。

载人航天不仅是为了人类能上天而上天，而且还要肩负起和平利用空间、开发宇宙、造福人类的重要历史使命。

航天科技的发展与应用

HANGTIAN KEJI DE FAZHAN YU YINGYONG

人造地球卫星出现之后，20 世纪 60 年代苏联和美国发射了大量的科学实验卫星、技术实验卫星和各类应用卫星。20 世纪 70 年代军、民用卫星全面进入应用阶段，并向侦察、通信、导航、预警、气象、测地、海洋和地球资源等专门化方向发展。

航天活动之所以取得了如此迅速的发展，除了美、苏搞空间军备竞赛发射了大量的军事应用卫星外，主要是人类一开始就非常重视航天技术的应用。航天活动大大扩大了人类知识宝库和物质资源、给人类日常生活带来了重大的影响和巨大的经济效益。航天活动大大推动了现代科学技术和现代工农业的向前发展。

人造卫星基本知识

卫星，是指在宇宙中所有围绕行星轨道上运行的天体。它环绕哪一颗行星运转，就被叫做哪一颗行星的卫星。比如，月亮环绕着地球旋转，它就是地球的卫星。

"人造卫星"就是我们人类"人工制造"的卫星。科学家用火箭把它发射到预定的轨道，使它环绕着地球或其他行星运转，以便进行探测或科学研究。围绕哪一颗行星运转的人造卫星，我们就叫它哪一颗行星的人造卫星，比如最常用于观测、通讯等方面的人造地球卫星。

地球对周围的物体有引力的作用，因而抛出的物体要落回地面。但是，抛出的初速度越大，物体就会飞得越远。牛顿在思考万有引力定律时就曾设想过，从高山上用不同的水平速度抛出物体，速度一次比一次大，落地点也就一次比一次离山脚远。如果没有空气阻力，当速度足够大时，物体就永远不会落到地面上来，它将围绕地球旋转，成为一颗绕地球运动的人造地球卫星，简称人造卫星。

人造卫星是发射数量最多，用途最广，发展最快的航天器。1957 年 10 月 4 日苏联发射了世界上第一颗人造卫星。之后，美国、法国、日本也相继发射了人造卫星。中国于 1970 年 4 月 24 日发射了"东方红 1"号人造卫星，截止 1992 年底中国共成功发射 33 颗不同类型的人造卫星。

人造卫星

人造卫星一般由专用系统和保障系统组成。专用系统是指与卫星所执行的任务直接有关的系统，也称为有效载荷。应用卫星的专用系统按卫星的各种用途包括：通信转发器、遥感器、导航设备等。科学卫星的专用系统则是各种空间物理探测、天文探测等仪器。技术试验卫星的专用系统则是各种新原理、新技术、新方案、新仪器设备和新材料的试验设备。保障系统是指保障卫星和专用系统在空间正常工作的系统，也称为服务系统。主要有结构系统、电源系统、热控制系统、姿态控制和轨道控制系统、无线电测控系统等。对于返回卫星，则还有返回着陆系统。

人造卫星的运动轨道取决于卫星的任务要求，区分为低轨道、中高轨道、地球同步轨道、地球静止轨道、太阳同步轨道、大椭圆轨道和极轨道。人造卫星绕地球飞行的速度很快，低轨道和中高轨道卫星一天可绕地球飞行几圈到十几圈，不受领土、领空和地理条件限制，视野广阔，能迅速与地面进行信息交换、包括地面信息的转发，也可获取地球的大量遥感信息，一张地球资源卫星图片所遥感的面积可达几万平方千米。

在卫星轨道高度达到 35786 千米，并沿地球赤道上空与地球自转同一方向飞行时，卫星绕地球旋转周期与地球自转周期完全相同，相对位置保持不变。此卫星在地球上看来是静止地挂在高空，称为地球静止轨道卫星，简称静止卫星，这种卫星可实现卫星与地面站之间的不间断的信息交换，并大大简化地面站的设备。目前绝大多数通过卫星的电视转播和转发通信是由静止通信卫星实现的。

人造卫星种类

人造卫星是个兴旺的家族，如果按用途分，它可分为三大类：科学卫星、技术试验卫星和应用卫星。

（1）科学卫星是用于科学探测和研究的卫星，主要包括空间物理探测卫星和天文卫星，用来研究高层大气、地球辐射带、地球磁层、宇宙线、太阳辐射等，并可以观测其他星体。

（2）技术试验卫星是进行新技术试验或为应用卫星进行试验的卫星。航天技术中有很多新原理、新材料、新仪器，其能否使用，必须在天上进行试验；一种新卫星的性能如何，也只有把它发射到天上去实际"锻炼"，试验成功后才能应用；人上天之前必须先进行动物试验……这些都是技术试验卫星的使命。

（3）应用卫星是直接为人类服务的卫星，它的种类最多，数量最大，其中包括：通信卫星、气象卫星、侦察卫星、导航卫星、测地卫星、地球资源卫星、截击卫星等等。

运行轨道

人造卫星的运行轨道（除近地轨道外）通常有 3 种：地球同步轨道、太阳同步轨道、极轨轨道。

（1）地球同步轨道：是运行周期与地球自转周期相同的顺行轨道。但其中有一种十分特殊的轨道，叫地球静止轨道。这种轨道的倾角为零，在地球赤道上空 35786 千米。地面上的人看来，在这条轨道上运行的卫星是静止不动的。一般通信卫星、广播卫星、气象卫星选用这种轨道比较有利。地球同步轨道有无数条，而地球静止轨道只有一条。

（2）太阳同步轨道：是轨道平面绕地球自转轴旋转的，方向与地球公转方向相同，旋转角速度等于地球公转的平均角速度（360度/年）的轨道，它距地球的高度不超过6000千米。在这条轨道上运行的卫星

人造卫星运行轨道

以相同的方向经过同一纬度的当地时间是相同的。气象卫星、地球资源卫星一般采用这种轨道。

（3）极地轨道：是倾角为90度的轨道，在这条轨道上运行的卫星每圈都要经过地球两极上空，可以俯视整个地球表面。气象卫星、地球资源卫星、侦察卫星常采用此轨道。

人造卫星工程系统

通用系统有结构、温度控制、姿态控制、能源、跟踪、遥测、遥控、通信、轨道控制、天线等等系统，返回式卫星还有回收系统，此外还有根据任务需要而设的各种专用系统。人造卫星能够成功执行预定任务，单凭卫星本身是不行的，而需要完整的卫星工程系统，一般由以下系统组成：

（1）发射场系统

（2）运载火箭系统

（3）卫星系统

（4）测控系统

（5）卫星应用系统

（6）回收区系统（限于返回式卫星）

卫星系统的组成部分

卫星系统中，各种设备按其功能上的不同，分为有效载荷及卫星平台两大部分。卫星平台又分为多个子系统：

有效载荷（不同类型卫星均不同，以下是其中共同的设备）：

（1）对地相机，

（2）恒星相机，

（3）搭载的有效载荷。

卫星平台（为有效载荷的操作提供环境及技术条件）包括：

（1）服务系统，

（2）热控分系统，

（3）姿态和轨道控制分系统，

（4）程序控制分系统，

（5）遥测分系统，

（6）遥控分系统，

（7）跟踪和测试分系统，

（8）供配电分系统，

（9）返回分系统（限于返回式卫星）。

>>> 知识点

人造卫星之最

信号最强的通讯卫星：

休斯太空通讯 HS702 卫星能够发射 15 千瓦的信号，是世界上信号最强的商业通讯卫星。它之所以有这样大的输出功率，靠的是两个高效太阳能电池。

仍绕轨道运行的最老的人造卫星：

1958 年 3 月 17 日，美国的"先锋 1"号被发射到绕地轨轨道上。它是目前仍在绕轨道运行的世界上最老的人造卫星。

由航天飞机发射的最重的卫星：

由美国航天飞机载送并放置的最重的卫星是康普顿·伽玛射线观测卫星，它重达 17.27 吨。该卫星是一架天文卫星，已在轨道上运转了 8 年，它的任务是研究高能量的射线。

设定人造卫星轨道

人类希望揭开天空的奥秘，拜访当空的明月，探索闪闪烁烁的星斗。古往今来，这种想法绵延不断。我国民间传说的嫦娥奔月和七仙女下凡，正是古代人渴望天地间往来而编织成的美丽故事。但是，直至现代科学的建立，特别是天体力学、数学和计算技术的发展，人类飞向太空的愿望才有了实现的可能。20 世纪初，苏联著名科学家齐奥尔科夫斯基大胆提出了到月亮、星球旅行的科学设想，而且提出具体实现办法。他指出，用液体燃料作推进剂的多级火箭可能实现这种宇宙航行，并推导了著名的齐奥尔科夫斯基公式，对太空飞行做了科学的、精确的计算，为现代宇宙航行奠定了一定的理论基础。

发射人造地球卫星是星际旅行的第一步。那么怎样才能使一个物体像月亮一样成为地球的卫星呢？现代科学证明，必须满足两个条件：一是该物体应具有一定的速度；二是要有一个向心力。对于环绕地球运行的卫星来说，向心力就是时刻都存在的卫星重量，即地球对它的引力。靠这种向心力的作用，地球力图将卫星吸回地面。关键是卫星必须获得一定大小的速度，这个速度称作第一宇宙速度。其含义是这样的：在不考虑空气阻力的情况下，在地面将物体以 7.9 千米/秒的速度沿水平方向抛出去，它就会沿着以地心为圆心的圆形轨道运转起来。

卫星在地球引力作用下环绕地球运行的规律，符合行星在太阳引力作用下绕太阳公转的开普勒三定律和牛顿的万有引力定律。归纳起来有三点：

第一，当卫星速度大于环绕速度时，其运行轨道是一个椭圆，地球位于椭圆的一个焦点上，卫星速度越大，椭圆轨道也就拉得越长、越扁；当卫星速度恰好等于环绕速度时，其运行轨道才是一个圆，地球位于这个圆的圆心；当卫星速度小于第一宇宙速度时，卫星在地球引力作用下将坠落地面。

　　第二，卫星在椭圆轨道上运行的速度是变化的，在离地球最远的一点即远地点时速度最小；反之，在离地球最近的近地点上速度达到最大。这就是说，地球对卫星的引力，随卫星的高度增加而减小，环绕速度也相应变小。例如，离地 36000 千米高度处的环绕速度，不再是 7.9 千米/秒，而只有 3 千米/秒。卫星离地越高，环绕速度越小，可是发射卫星所需能量并不减少，反而增加。

　　第三，卫星绕椭圆轨道一周的时间与短轴无关而与半长轴的 3/2 次方成正比。因为人造地球卫星的质量远远小于地球质量，这个数学关系是严格成立的。但是，椭圆轨道的半长轴应是卫星离地最远距离再加上地球的平均半径即 6371 千米。

　　如果人造地球卫星的速度不断加大，会出现什么情况？这时的椭圆轨道也就越来越长、越扁，当速度增大到某一个限度时，卫星终于摆脱地球的引力飞离地球而去，像地球一样绕太阳运行，成了人造行星。这个使卫星脱离地球而去的速度，称作第二宇宙速度，其大小是 11.2 千米/秒。如果卫星要离开太阳系，就必须克服太阳的引力。太阳的质量远比地球大，需要的脱离速度就更大。为此，除了借助地球绕太阳约 30 千米/秒的速度外，还要再加一个约 16.7 千米/秒的速度，这个速度叫做第三宇宙速度。

　　发射人造地球卫星，除了上面所介绍的理论外，还要考虑其他因素。地球被一层厚厚的空气包围着，其厚度大约有 1000 千米；不过离地越远，空气越稀薄，真正浓密的大气层只有几十千米。大家知道，空气会对运动物体产生阻力，物体运动速度越大，阻力也越大。人造卫星脱离火箭以后，在地球的引力场内作椭圆绕地运动，由于大气阻力，它的速度会变小，其结果是飞行高度逐渐下降；如果高度降低到进入了地球浓密大气层，和空气产生的摩擦非常剧烈，会产生几千度高温将卫星烧毁。为避免卫星过早烧毁并使它能在空间长时间运行，就必须把卫星送到离地一定的高度。人造卫星的轨道高度，根据工作需要通常在数百千米到数万千米之间。

　　要把人造卫星送上那么高的高度并达到环绕速度，不是一件易事。运载卫星的火箭速度是最关键的问题。所以发展威力强大的多级运载火箭，是发射人造地球卫星和其他人造天体的首要条件。

卫星运载工具的研制

　　火箭不像一般的飞机发动机那样需要大气中的氧气来燃烧，而是自己带有燃料和氧化剂，能在真空条件下工作。因此，要把一个物体送入空间轨道，只有借助火箭。到目前为止，人造卫星和其他人造天体都是借助多级火箭作运载工具送上空间的。多级火箭能在飞行过程中不断地把工作完毕的火箭壳体抛掉，以提高飞行速度。当多级运载火箭的末级火箭之速度达到或超过第一宇宙速度，也即地球环绕速度时，人造卫星便与火箭分离并进入地球轨道。

　　然而，运载火箭的发展经历了相当长的时间，多级火箭的设想，在20世纪初就提了出来。

　　第二次世界大战期间，德国利用火箭技术，首先研制成功 V－2 导弹，这就把自动控制技术、无线电遥控技术和火箭技术科学地结合起来，并把火箭技术的应用推上了新的发展道路。战后，美国和苏联又在德国 V－2 导弹的基础上，先后于 50 年代后期研制成功洲际弹道导弹。此后，遥控和自动控制技术获得较大的发展；同时，

"伽利略"首颗卫星升空

火箭技术包括火箭发动机的性能、推力以及试验方法又有了大幅度的提高和完善。导弹武器的先期发展，为大推力卫星运载工具的发展铺平了道路并提供了技术基础。实际上，多级卫星运载工具的研究、设计、制造和试验方法，基本上和导弹武器一样。因此，可以说，多级卫星运载火箭，是在弹道导弹的基础上发展起来的，洲际导弹则是它的前身。在洲际导弹研制成功不久，苏联就发射第一颗人造地球卫星，这不是偶然的，因为发射卫星的运载火箭就是用 Р－7 洲际导弹改装过来的：把核弹头换成人造地球卫星，置换一些有关仪器，修改一些系统。

　　洲际弹道导弹由于受到作战性能要求的限制，例如它要采用可储存推进

剂，因而很难应用低温混合燃料推进剂，运载能力有限，改装成卫星运载工具后，只能发射高度约 300 千米的近地轨道卫星。

卫星运载工具的研制，从此走上自己独立的发展道路，主要侧重于增大运载能力。由于它不要求储存燃料、发射准备时间不太严格，因此可用低温混合燃料作推进剂，使火箭发动机的性能大为提高，其推力可增加 50%～100%。

卫星运载工具的发展，除了燃料推进剂的改进外，在结构上也经历了变化，如多级火箭串联，由 2 级、3 级至 4 级串联火箭；后来又发展串并联火箭技术，例如在第一级火箭周围捆绑一些助推火箭，以加大初级推力。现今的大推力运载工具，有能力把几十吨乃至一百多吨的有效载荷送入地球近地轨道，把数吨重的深空探测飞船送往太阳系其他行星。

➔➔➔ 知识点

多级火箭

多级火箭是由数级火箭组合而成的运载工具。每一级都装有发动机与燃料，目的是为了提高火箭的连续飞行能力与最终速度。从尾部最初一级开始，每级火箭燃料用完后自动脱落，同时下一级火箭发动机开始工作，使飞行器继续加速前进。

多级火箭可以是串联式的、并联式的或串并联式的，但常用的形式是串联和串并联。串联就是将多个火箭通过级间连接/分离机构连成一串，第一子级在最底下，先工作，工作完毕后通过连接/分离机构被抛弃掉，接着，其上面级火箭依次工作并被依次抛弃，直到有效载荷进入飞行轨道。并联就是将多个火箭并排地连接在一起，周围的子火箭先工作，工作完毕后被依次抛弃，中央的芯级火箭最后工作。以这种方式连接的多级火箭又称为捆绑式火箭。如果芯级火箭本身是串联式多级火箭，这种形式就是串并联。

卫星在军事上的应用

如今，科学家们正在利用各种卫星密切关注着地球生态的变化。但是，太空中的 5000 颗卫星，并不都是为了保护地球，其中 80% 的卫星直接或间接服务于军事。一方面，我们需要卫星监测地球环境，它给人类带来种种福音；另一方面，卫星又给战争带来极大的"实惠"，成为最具威胁的"杀手"。

早在 1990 年海湾战争时，军事卫星就已名扬天下了。据统计，当时多国部队调用的军事卫星达 90 多颗，首开世界空间军事史的先河。由于卫星功能十分强大，可以看出，世界各国在航天领域的"独立"大多也是出于保密的原因。事实上，从战略角度看，谁占领了空间，谁就占领了地球，军事卫星所起的作用可不能小看。

远在人造卫星问世之初，当时美、苏两个超级大国都想称霸世界，于是它们在加强军备竞赛的同时，在航天技术领域也展开了激烈的竞争。

在美、苏研制发射的卫星或是空间飞行器中，80% 以上是军事应用卫星或者带有军事应用目的。军事卫星的出现，大大改变了传统的作战观念，增强了一个国家的国防力量，使现代战争从海、陆、空的三维战争上升为海、陆、空、天的四维战争。

军事卫星的应用范围是很广泛的，主要包括以下几个方面：

太空间谍——侦察卫星

美、苏早年研制的军事卫星中，侦察卫星是数量最多、应用最广的，起码占卫星数量的 70%。使用侦察卫星进行侦察，要比飞机侦察优越得多。这是因为卫星作为侦察的手段，具有许多的优点。

1. 速度快

在低轨道运动的卫星，速度可达 30000 千米/小时，比飞机速度快一二十倍。

2. 时间久

卫星的工作寿命可达 2 年，甚至更长，保证了侦察的连续性和长期性。

3. 范围广

卫星居高临下，视野开阔，能覆盖地球上的大范围地区，它拍的一张照片顶得上几千架飞机的侦察效果。几个卫星组网侦察，整个地球便可一览无余。

4. 限制少

卫星在外层空间飞行，不受国界、地理和气候的限制，畅通无阻，可靠安全。

侦察卫星又分为照相侦察卫星和电子侦察卫星，它们到底有什么不同呢？

太空的千里眼——照相侦察卫星

在各种侦察卫星中，照相侦察卫星发展得最早，数量最多，技术也最成熟，算得上"老大哥"了。

1959 年的 2 月 28 日，美国人用"雷神—阿金那"火箭成功发射了第一颗侦察卫星——"发现者"。它是一颗可回收型的照相侦察卫星，装有高分辨率的摄影机，可以飞到敌方上空进行摄影侦察，然后再回收胶卷。

可是由于技术的不成熟，他们屡遭失败，在连续失败了 12 次之后，直到 1960 年 8 月 10 日发射的"发现者 13"，才终于回收成功。

自那以后，美国不断地发射这种卫星作为太空的"秘密哨兵"，照相侦察卫星运用可见光照相，其地面分辨率可达 0.3 米。在实际应用中，卫星通过无线电传输和回收舱返回两种方法传送图像。无论是什么样的军事目标，大至军事基地，小到地面上的火炮、坦克、车辆，甚至单兵都逃不过它的眼睛。

照相侦察卫星还可按所执行的任务分为"普查型"和"详察型"，普查型能对大面积地区进行快速侦察，从中发现可疑的地点，然后再由详察型对该地点进行重复详察。

超级间谍发展快

美国于 1960 年发射了第一颗照相侦察卫星，至今为止已发展到了第六代。

第一代是 1962～1963 年，共发射了 36 颗，但由于地面分辨率较低，工作寿命较短，不久便被淘汰了。

第二代是 1963～1966 年，历时 3 年，性能比第一代有所提高，发射数量总计 87 颗。

第三代是 1966～1972 年，前后 6 年，共发射了 30 颗，与第二代相比，它的侦察手段更多了，由于轨道高度较低，所拍照片的分辨率可达 0.3 米。

第四代是被称为"大鸟"的侦察卫星，从 1971 年 6 月 15 日发射以来，至今已有 20 颗。由于"大鸟"可以普查、详察同时进行，同时摄影与电子传输相结合，这便大大提高了侦察效率，使美国能很快就得到了侦察照片。

第五代和第六代便是现在叱咤风云的"锁眼"系列卫星，它们不再使用胶卷，而改用实时传送数字图像的无线电方式，图像能迅速传回地面，而且不存在胶卷用完的问题。所以工作寿命最长可达 3 年。由于技术上十分先进，正在逐步取代现有的胶卷回收型卫星。

苏联自 1962 年发射照相侦察卫星以来，也经历了几代的变迁。

第一代到第四代通过胶卷回收来得到情报，分辨率从开始的 1.4 米达到后来的 0.3 米，一张照片可覆盖 100～170 万平方千米，第五代卫星也采用了与"锁眼"卫星相似的数字图像传输技术，它们的性能可以说各有所长。

俄罗斯接替苏联继续大力发展照相侦察卫星，先后发射了 7 颗第四代卫星，1 颗第五代和 1 颗第六代卫星，而且性能和工作寿命均有很大提高。

太空窃听器——电子侦察卫星

如果说照相侦察卫星是太空的眼睛，那么电子侦察卫星就是太空的窃听器，它可以听到电子信号。

自 20 世纪 60 年代初开始，电子侦察卫星不断发展，由于电子设备越来越先进，现在电子侦察卫星已向 800 千米以上高度发展。卫星的位置越高，地面覆盖就越广，如果发射到地球同步轨道，覆盖全球只需要 3 颗卫星，这便大大提高了监视的时效性。

电子侦察卫星的任务也从"专职"向"兼职"发展，以前的卫星只能执行一类任务，随着卫星处理能力的加强，现在的电子侦察卫星已把窃听电台通信和收集雷达信号集于一身。

现代电子侦察卫星还将加强生存能力，可以自我防御。据称，俄罗斯的电子侦察卫星不但具有反抗卫星武器袭击的能力，本身还能攻击其他的卫星，使它们失去工作能力。总之，电子侦察卫星正在向多功能、长寿命、侦察范围广泛等方向发展，随着它自身电子侦察设备的不断更新，它将与照相侦察卫星相结合，在未来的军事领域发挥越来越大的作用。

太空烽火台——导弹预警卫星

烽火台是中国古代边关报警用的一种装置，它可以用来向远处传递消息、军情。导弹预警卫星就类似于烽火台的功能，它能在太空及时发现敌方发射导弹的情况，提前做好拦截和防御准备，所以说它是太空烽火台。

美军首次用"爱国者"导弹成功地拦截"飞毛腿"导弹，从此拉开了导弹战的序幕。在海湾战争中，"爱国者"导弹的拦截成功率达到80%，被誉为"飞毛腿"的"克星"，但从战后的统计数字来看，"爱国者"的实际拦截成功率只有9%，并不像战争中吹嘘的那样。

那么，"爱国者"导弹又怎么知道"飞毛腿"导弹的位置，从而对它迎头痛击呢？原来它的背后还有一位幕后英雄，这就是导弹预警卫星，如果没有它提供的预警信号和预警时间，那么拦截任何导弹的计划都只能成为泡影。

"飞毛腿"导弹的发射大多是在夜间，神不知鬼不觉。那么导弹预警卫星又是如何做到先知先觉的呢？究竟是谁出卖了"飞毛腿"的行踪呢？

原来，"飞毛腿"导弹飞行时与火箭差不多，尾部会喷出炽热的长长尾焰，就像一条大尾巴。尾焰的温度非常高，可以达到3000摄氏度以上，这会产生强烈的红外辐射。另外，尾焰的亮度也很高，尤其是导弹飞出大气层后，因为大气压力降低，尾焰迅速膨胀，成为一条明亮的光带。尾焰的红外辐射和亮度便给了导弹预警卫星可乘之机，卫星上装有红外线探测器和电视摄像机，它们分别可以感受红外线辐射和发现亮点。

预警卫星能在十几秒内探测到导弹发射的尾焰，然后把信号迅速传递到地面，而"飞毛腿"导弹全程飞行时间约为7分钟，有了预警卫星快速提供的信息，"爱国者"导弹就能赢得宝贵的4~5分钟的防御时间，及时地上天进行拦截。

世界各国在发展自己的核武器时，都尽量不让外界所知，以防止别国得到自己核武器的发展动向、破坏能力等情报。

但是，核爆炸发生时会产生大量的X射线、γ射线和中子射线，而导弹预警卫星就装有探测这些射线的仪器，所以它还"兼职"做探测核爆炸的工作。实际上，很多卫星都是一星多能、一星多用的。

有代表性的预警卫星就是美国的代号为 647 的早期预警卫星，在卫星上装有一个巨人的红外线望远镜探测器，探测器的镜头始终对准敌方的地区，而且镜头内的探测器以一定的速度不停地转动，我们称它为扫描。每隔 10 秒钟探测器扫描一次，这可以扩大它的监视范围。同时卫星上还装有高分辨率的电视摄像机，在没有情况的时候，每隔 30 秒钟向地面发送一次图像，而一旦发现情况，比如敌方的导弹发射时，摄像机就会自动连续地向地面发送图像，而且卫星上还有目标识别系统，可以识别云层，甚至识别是真目标还是假目标。

美国人在 1970～1982 年，共发射了 13 颗预警卫星，一般 2～3 颗卫星组成一个预警网。

太空海盗——海洋监视卫星

由于海洋占全球总面积的 3/4，所以海洋自古以来就是兵家必争之地，具有十分重要的战略地位。世界各国都十分重视海洋这个战略要地。在浩瀚的大海上，游弋着各种现代化的船、潜艇、航空母舰等。这些都是来自海上的威胁，为了对付它们，同时提高己方舰队及潜艇的远洋作战能力，海洋监视卫星就应运而生了。

海洋监视卫星有一种是雷达型的，它通过卫星上的雷达不停地发射雷达波，接收经目标反射后返回的雷达波信号，以确定目标的位置及外形。海洋监视卫星一般以两颗星为一组，成对地在同一轨道上运行，由于两颗星同时工作，能消除或减少杂波的干扰，所以便于探测小目标。

另一种海洋监视卫星是电子侦察型的，它与电子侦察卫星原理一样，由多颗卫星同时工作来接收舰载雷达发出的信号，以测定水面舰只的位置。如我们前面提到的"白云"海洋监视卫星，它就是由 1 颗主卫星和 3 颗子卫星组成，多颗卫星同时测定目标方位，子卫星可以把数据传到主卫星，由主卫星计算敌舰位置和速度，然后发回地面。

太空领航员——导航卫星

卫星在军事上应用的另一种用途就是作为导航卫星。卫星作为导航的手段，改变了传统的导航状态，以往的导航设备都是在陆地上，作用距离近，对那些长期在海上游弋的军舰、潜艇已经满足不了要求，而且容易受到地面的干扰，所以远远不能满足现代远洋任务的需要。

导航卫星的优点

导航卫星作为新的导航手段，它具有传统导航所没有的优点。它一般发射到极地轨道上，也就是通过南北极的卫星轨道上，而且由几颗甚至几十颗距离相间的卫星组成卫星网，这样就可以开展更大范围和更为精确的导航。

导航卫星就像一个宇宙信标机，一位太空的领航员，所以也称为宇宙信标导航。在导航卫星上除了装有保证卫星正常工作的系统外，它的专用系统是高精度的信标机。

通过信标机，导航卫星可以向地球发射高精度的无线电信号。在海上航行的舰艇、潜艇上都装有信号接收设备和自动处理设备，不管在多远的距离和任何位置，都可以接收到这种信号，在对信号处理后，根据卫星的精确位置，它们随时可以确定自己的地理位置。

导航卫星不但可以为舰艇导航，而且可以为陆地上的移动设备导航，比如为飞速前进的飞机、战车、坦克、汽车进行导航。

另外，导航卫星除了精度高，不易受到攻击，还可以全天候工作。所谓全天候是指 24 小时、各种环境条件下都可以工作。

幸运的美军飞行员

1999 年 3 月 28 日，北约向南联盟发起了第四轮空袭。凌晨时分，美军 F－117A 隐形战斗机编队从北约的一个空军基地起飞，1 小时后便到达了南斯拉夫首都贝尔格莱德的上空，准备按计划进行空中打击。

此时，南联盟防空部队也发现了这些 F－117A 战机。在地面防空雷达的协助下，一枚"萨姆－6"导弹腾空而起，以 830 米/秒的速度朝其中一架 F－117A 呼啸而去。

这架 F－117A 时运不济，被防空导弹迎了个正着，顿时失去了控制，向地面急剧下降，机上的美军飞行员竭力操纵飞机，试图向波黑方向逃窜，但已回天无力。

飞行员只得按下弹射座椅按钮，弃机而逃。在夜幕的掩护下，降落伞带着飞行员降落在距飞机坠毁处约15千米的地方。

南联盟人民军防空部队发现这架 F-117A 飞机坠落后，立即派出部队前去搜寻飞机残骸和飞行员。天亮后，人们发现了飞机残骸，可是周围却没有飞行员的影子。

飞机坠毁两天后，美军方派出直升机潜入南斯拉夫境内，居然找到了这个飞行员，并带他安全返回美军在波黑的驻地。美国救援部队是怎么找到这个飞行员的？难道他们有特异功能吗？是的，的确有特异功能，不过不是他们，而是另一个"家伙"。

出类拔萃的导航星

这个"家伙"就是世界上最先进的导航卫星系统，美国的导航星全球定位系统，简称为 GPS 全球卫星定位系统。

该系统由18颗均匀分布在3个轨道面上的卫星组成，它们的轨道高度约为20000千米，运行周期为12小时，定位的精确度在1米以内，这种卫星的抗干扰能力很强，可以同时满足陆海空三军的导航定位需要。

导航星有很多的功能，可以为车辆、人员以及航空、航天、航海领域的飞机、卫星、船只等进行导航和定位。

导航星的用户数量几乎是无限的，通过使用卫星导航接收机就可以直接同导航星联系，达到以前所未有的精确定位。

前面所说的那个美军飞行员，在发出无线电呼救信号后，导航星全球定位系统查明他所在的位置，美救援部队才得以把他顺利救回。

导航星是通过"时间测速"来工作的，每颗导航星都装有一个原子钟，它的误差为每30万年1秒，如果用户也持有与卫星走时相同的时钟，那么在已知卫星信号发射时间的情况下，就能算出信号从卫星到用户的传播时间，乘以卫星信号的传播速度，就是用户到卫星的距离。如果能同时收到3颗卫星的距离，再根据卫星发射信号时的位置，就能算出用户所在的位置。

太空杀手——反卫星卫星

有人研制出了各种可以进行军事行动的卫星，那么就一定有人去研究另一种卫星，去克制它们，因此反卫星卫星就出现了。当然，反卫星卫星也是军用卫星的一种。

因为卫星飞得很高，速度又快，用地面炮火是鞭长莫及的，只有用卫星或者别的空间飞行器去对付它，这就是反卫星卫星。它就像太空中的杀手，专门破坏或者擒拿别人的卫星。虽然反卫星卫星目前发展得还不完善，用得也不太多，但是它毕竟出现了。

谁弄"瞎"了卫星

1975年10月的一天，一颗美国预警卫星悄悄地来到了苏联的西伯利亚上空，它的主要目标是对苏联制造潜艇的海军船坞进行侦察，与它结伴而来的还有一颗向地面转发信号的中继卫星，它们共同执行这项任务。

美国的这两个"间谍"自以为神不知鬼不觉，正要不慌不忙地窃取情报，准备大干一场的时候，突然间，一束强烈的光线向其中一颗卫星射来，卫星用来窃取情报的装置——它那明亮的"眼睛"瞬间便被弄瞎了，再看现在的它，就像个酗酒的醉汉，在空中失去了控制，无法保持平衡。此时，它的同样也惨遭不测，同样受到强光的攻击，也失去了自我控制能力。

几分钟后，等这"两兄弟"逐渐恢复正常时，却已经远离苏联船坞的方位，什么也看不到了。这究竟是怎么回事呢？那束强光又是从何而来呢？

原来，苏联的这个船坞确实有不可告人的秘密，这里正在研究潜艇水下发射多颗弹头战略弹道导弹，试验多弹头的分导技术。为了避免美国"间谍"们刺探到这些情况，苏联人悄然使用了能发射强烈光束的最新武器，使美国的卫星变成了"瞎子"。

其实这种武器只是太空杀手的一种，就目前来说，太空"杀"星的手段是多种多样的。

"杀"星三绝招

目前用于反卫星的手段有几种：一是在反卫星上装有杀伤性武器，如导弹、激光，甚至是一个大铁块，用于把对方的卫星破坏、摧毁，使它失去工作能力，无法继续使用。

另一种方法就是利用无线电干扰的办法，有人称为电子对抗，就是由卫星发射强大的无线电波，用于干扰对方的通信，使它的指挥失灵，线路中断，从而与地面失去联系。

还有一种办法就是擒拿，这首先需要知道对方卫星的轨道，然后使反卫星卫星也进入这个轨道，跟踪并接近被擒卫星，然后用机械手把卫星擒住，并装入容器，甚至可以把它带回地面。例如美国曾用航天飞机把一颗已经出故障的卫星从轨道上抓回，在地面修复后，又发射上去。

随着科学技术的不断进步、发展，这一方面的技术肯定还会有新的突破，但是我们希望这一技术的发展，不是用作攻击对方的武器，而是用于修复出现故障的卫星，成为清除空间垃圾的有效手段，否则你攻击我，我攻击你，那岂不变成"天上大乱"了吗？

我们谈的军事应用卫星除了上述的几种用途外，在军事上还有许多其他用途，如国防通信、国防气象等多方面。

无所不在的民用卫星

宇宙探测器——天文卫星

传统的天文观测都是在地面上由天文台利用各种仪器进行观测。由于天体发出的绝大部分电磁辐射被地球的大气遮挡了，只有一小部分能够到达地面，所以在地面用光学天文望远镜或者射电天文望远镜所能观测的宇宙只是很小、很不完整的一部分，不能完整地了解宇宙的真面貌。

人造地球卫星问世使天文观测发生了革命性飞跃，因为它是在几百至几千千米高度的地球大气层外飞行，在那里没有大气的遮挡，可在全波段范围内对宇宙空间进行观测。天文卫星的出现，促进了一门新兴的学科——空间天文学的形成，它是人类进一步探测和了解宇宙空间的有效的手段。

天文卫星上装有各种不同的探测仪器，与其他卫星相比，它有自己的特点。

指向精度高。由于天文卫星要在茫茫的宇宙空间中找到要观测的天体目标，而且观测仪器设备必须始终指向这个天体，因此这就要求天文卫星有极为精确的指向精度和姿态控制精度，所以，天文卫星一般用太阳或者恒星作为指向的基准。

结构要求高。由于指向精度要求很高，因此对卫星结构的要求也很严格，必须保证卫星结构有很高的装配精度和良好的稳定性，尤其在受热的情况下变形要极小，这样才能保证指向精度。

观测仪器复杂。天文卫星上装有高精度的观测仪器设备，如红外线、紫外线、X射线和可见光天文望远镜。它们不但结构复杂，制作困难，而且有的还需要在超低温的状态下才能可靠工作，所以要采取复杂的制冷措施。另外，天文卫星的观测数据量特别大，需要用卫星上的计算机进行数据处理和操作控制。

现已研制出各种天文卫星。按照观测的目标不同可以分为两大类：以观测太阳为主的太阳观测卫星和以探测太阳系以外的天体为主的非太阳探测天文卫星。世界上第一个天文卫星是美国1960年发射的"太阳辐射监测卫星"，它主要探测太阳的紫外辐射和X射线。美国从1962年开始发射的专门观测太阳的"轨道太阳观测台"，也属于太阳观测卫星。欧洲近年发射的"太阳和日球层观测台"（SOHO，简称"太阳观测卫星"），在观测太阳方面取得了大量新成果。

已发射的非太阳探测天文卫星也不少，例如，目前在轨飞行的"哈勃"空间望远镜、"钱德拉"X射线望远镜等都是。它们的主要任务是探测宇宙间的紫外线、X射线、γ射线的发射源，测定它们的方向、强度、辐射谱特性等，并且探测恒星、星云、星际物质、银河系以及银河系以外的天体。

如果以天文卫星装载的科学仪器的主要观测波段来分类，天文卫星又可以分为红外天文卫星、紫外天文卫星、X射线天文卫星、γ射线天文卫星等。它们都有专门的用途，探测不同的射线特性。如美国1968年和1972年发射的"轨道天文台"是最早专门用于紫外线观测的天文卫星；1970年发射的"小型天文卫星"则是专门探测X射线的天文卫星。从20世纪90年代起，美国开始实施"大观测计划"，即发射4个大型天文卫星，它们可以进行全波段观测。目前，已发射了其中的3颗卫星，即"哈勃"空间望远镜、"康普顿"γ射线观测台、"钱德拉"X射线空间望远镜，红外空间望远镜也即将发射。它们是当代最先进的天文卫星，已经取得了巨大的成就。例如，通过"哈勃"

空间望远镜，大大地增进了人类对宇宙大小和年龄的了解；证明某些宇宙星系中央存在超高质量的黑洞；探测到宇宙诞生早期的"原始星系"，使天文学家有可能跟踪宇宙发展的历史；清楚地展现了银河系中类星体这种最明亮的天体存在的环境；发现木卫二、木卫三的大气层中存在氧气；拍摄到第一幅太阳系外的行星图像。"康普顿"γ射线观测台把宇宙射线的观察范围扩大了300倍，它曾观测了银河系中喷射出来的反物质粒子云，在天文界引起轰动。"钱德拉"X射线空间望远镜发现宇宙中有大约7000个X射线源。

目前世界上已经发射了许多各种用途的天文卫星。随着天文探测的不断发展，更加先进的天文卫星会越来越多。

科学卫星

科学探测卫星，是用来进行空间物理环境探测的卫星。它携带着各种仪器，穿行于大气层和外层空间，收集来自空间的各种信息，使人们对宇宙有了更深的了解，为人类进入太空、利用太空提供了十分宝贵的资料。世界各国最初发射的卫星多是这类卫星或是技术试验卫星。

美国发射的第一颗卫星"探险者"号就是一颗科学探测卫星，以后"探险者"发展成一个科学卫星系列，它们主要用于探测地球大气层和电离层；测量地球高空磁场；测量太阳辐射、太阳风；探测行星际空间等。"探险者"号卫星系列多为小型卫星，但其外形结构差别很大，由于探测的空间区域不同，它们的运行轨道有高有低、有远有近，差别也很大。

"电子"号卫星是苏联的科学卫星系列，星上装有高、低灵敏度的磁强计、低能粒子分析器、质子检测器、太阳X射线计数器以及研究宇宙辐射成分的仪器等。该系列卫星的主要任务是研究进入地球内、外辐射带的粒子以及相关的各种空间物理现象。

中国的"实践"系列卫星既是技术实验卫星，又是科学探测卫星。"实践1"号卫星装有红外地平仪、太阳角计等探测仪器，取得了许多环境数据。"实践2"号和"2"号甲、"2"号乙是用一枚火箭同时发射的三颗卫星。其中"实践2"号外形为八面棱柱体，任务是探测空间环境，试验太阳电池阵对日定向姿态控制和大容量数据存储等新技术。

天文卫星也是一种科学卫星，它专门对各种天体和其他空间物质进行科学观测。天文卫星在离地面几百千米或更高的轨道上运行，由于没有大气层的阻挡，星上仪器可以接收来自其他天体的各波段电磁波辐射，能够更好地观测宇宙空间。

天文卫星的轨道多数为圆形或近圆形、高度为几百千米，但一般不低于四百千米。这是因为太阳系以外的天体离地球极远，再增加轨道高度也不能缩短相互间的距离，改善观测能力；而轨道太低时，大气密度增加，卫星也难以长时期运行。

通信卫星

无线电通信中继站的人造地球卫星。通信卫星反射或转发无线电信号，实现卫星通信地球站之间或地球站与航天器之间的通信。通信卫星是各类卫星通信系统或卫星广播系统的空间部分。一颗静止轨道通信卫星大约能够覆盖地球表面的 40%，使覆盖区内的任何地面、海上、空中的通信站能同时相互通信。在赤道上空等间隔分布的 3 颗静止通信卫星可以实现除两极部分地区外的全球通信。

1958 年 12 月美国发射世界上第一颗试验通信卫星。1963 年美国和日本通过"中继 1"号卫星第一次进行了横跨太平洋的电视传输。中国于 1984 年4 月 8 日发射了一颗地球静止轨道试验通信卫星。通信卫星按轨道分为静止通信卫星和非静止通信卫星；按服务区域不同可分为国际通信卫星和区域通信卫星或国内通信卫星；按用途可分为专用通信卫星和多用途通信卫星，前者如电视广播卫星、军用通信卫星、海事通信卫星、跟踪和数据中继卫星等，后者如军民合用的通信卫星，兼有通信、气象和广播功能的多用途卫星等。

作为无线电通信中继站。通信卫星像一个国际信使，收集来自地面的各种"信件"，然后再"投递"到另一个地方的用户手里。由于它是"站"在36000 千米的高空，所以它的"投递"覆盖面特别大，一颗卫星就可以负责1/3 地球表面的通信。如果在地球静止轨道上均匀地放置 3 颗通信卫星，便可以实现除南北极之外的全球通信。当卫星接收到从一个地面站发来的微弱无线电信号后，会自动把它变成大功率信号，然后发到另一个地面站，或传送到另一颗通信卫星上后，再发到地球另一侧的地面站上，这样，我们就收到了从很远的地方发出的信号。

通信卫星一般采用地球静止轨道，这条轨道位于地球赤道上空 35786 千米处。卫星在这条轨道上以 3075 米/秒的速度自西向东绕地球旋转，绕地球一周的时间为 23 小时 56 分 4 秒，恰与地球自转一周的时间相等。因此从地面上看，卫星像挂在天上不动，这就使地面接收站的工作方便多了。接收站的天线可以固定对准卫星，昼夜不间断地进行通信，不必像跟踪那些移动不定的卫星一样四处"晃动"，使通信时信号时断时续。现在，通信卫星已承担了全部洲际通信业务和电视传输。

通信卫星是世界上应用最早、应用最广的卫星之一，许多国家都发射了通信卫星。

1965 年 4 月 6 日美国成功发射了世界第一颗实用静止轨道通信卫星："国际通信卫星 1"号。到目前为止，该型卫星已发展到了第八代，每一代都在体积、重量、技术性、通信能力、卫星寿命等方面有一定提高。

苏联的通信卫星命名为"闪电"号。包括"闪电 1、2、3"号等。由于苏联国土辽阔，"闪电"号卫星大多数不在静止轨道上，而在一条偏心率很大的椭圆轨道上。

中国的第一颗静止轨道通信卫星是 1984 年 4 月 8 日发射的，命名为"东方红 2"号，至今已发射成功了 5 颗。这些卫星先后承担了广播、电视信号传输，远程通讯等工作，为国民经济建设发挥了巨大作用。

气象卫星

气象卫星起源于侦察卫星，是一种专门用来对地球和大气进行观测的卫星。1960 年 4 月 1 日，美国发射了世界上第一颗气象卫星，率先将航天科技引入气象科学领域。它向美国提供世界范围的气象资料。苏联应用气象卫星也较早，它的第一颗实用气象卫星是在 1966 年 6 月发射的。

气象卫星上通常装备有电视摄像系统、扫描辐射装置、自动图片传输系统和自动贮存装置等仪器设备。利用这些仪器，可对全球气象进行观测，以获得各地大气的温度、湿度、压力、密度、大气结构等信息。

当气象卫星在预定的轨道上运行时，其电视摄像系统的摄像机，每隔一定时间开启一次快门，便得到一张地球大气云图照片。然后通过转换设备，卫星将云图照片的图像信息转化成电信号送进储存装置自动存贮起来。它的存储装置可以容纳世界各地的全部云图信息。当卫星经过地面接收站时，地面上给它发出一条指令，卫星就把全部信息传送下来。如果不用存储器，卫星还可以将无线电信号立即向地面传送。地面只要有接收设备，就可立即收到卫星实时拍摄的照片。任何物体都具有一定的温度而放出一定的热量，卫星上的扫描辐射装置测量出云的热辐射量，就得到红外云图。红外云图可反映地面和云顶的温度。大气温度一般比地面低，不同高度的云层温度也不同，因此它们的热辐射量就有强弱之分。在卫星红外云图照片上，白的地方是冷区，就是中高云区。黑的地方是暖区，是地面、水面或低云区。扫描

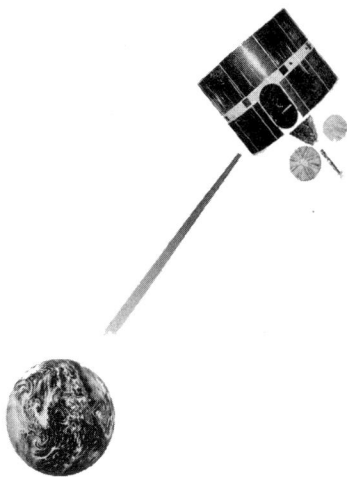

气象卫星

辐射装置和电视摄像机拍摄图片的方式也是不同的。它是用扫描镜以固定转速向地球扫描，每转一圈，就得到从地球一端到另一端的一长条扫描线。卫星不断前进时，一条条扫描线互相衔接，就构成一张完整的红外云图。

1974 年 5 月 17 日美国发射了第一颗同步气象卫星，与其他系列的气象卫星相比，它的覆盖面积大，能及时提供大量的气象资料，昼夜向地面传输整个西半球的分辨率极高的气象照片。它每半小时就传输一次观测资料，利用这些资料可深入了解大气动力学过程和能量交换过程，改善了气象预报的准确性。世界各地有 500 多个接收站的自动图像装置也可直接接收卫星照片。

虽然对地静止或同步气象卫星覆盖面积大，但不能覆盖地球南北极地区，因此像苏联这样的地临北极的国家发射了另一种极轨气象卫星，或者太阳同步轨道低轨道气象卫星，高度一般在 700 ~ 1500 千米。这是一种具有轨道倾角约 90 度，飞越地球南北极上空的气象卫星。大家知道地球并非标准圆球体，而是在其赤道部分有些微微膨胀的扁球体，膨胀部分对人造天体产生额外吸引力，能使卫星运行的轨道面慢慢转动，轨道面转动速度的大小与轨道倾角、高度和形状有关，倾角越小转动越快。倾角为 99 度，高度为 920 千米的近极地圆轨道，轨道平面每天顺地球自转方向转动 1 度，与太阳照射方向

因地球绕太阳公转每天顺向转动 1 度恰好同步，或说轨道面转动方向和周期与地球公转方向和周期相等的轨道叫做太阳同步轨道。太阳同步轨道的优点是轨道面和太阳方向所成的夹角大体上是一定的。所以在太阳同步轨道上运行的气象卫星，每天在相同的时间里大体上通过同一地球纬度；就是说，太阳同步轨道能使气象卫星始终在同样的光照条件下观测地面，给光学传感器创造了最合适的光照条件。但另一方面，极轨气象卫星的轨道倾角在 90 度附近而不能利用因地球自转产生的向东速度，发射时要求运载火箭有更大的负担。我国发射的"风云 1"号气象卫星，也是太阳同步轨道卫星。

由于利用气象卫星可以收集到地面气象台站难以收集，气球和飞机不能获得的高空、超高空气象情况，大大提高了天气预报的准确性和实时性。电视节目中，每天播放"天气预报"的同时，还展现一幅幅色彩斑斓的卫星云图照片，它们就是气象卫星用电视摄像机和扫描辐射装置从太空对地球拍摄而成的。这种每日天气预报给每一个人带来很大方便，对农业、运输业的作用更是巨大。运行在宇宙空间的各种各样的气象卫星，时刻监视着台风、强暴风、暴雨以及干旱等灾害性天气的变化；它们不受地理条件限制，可以取得人迹稀少的海面、极地、高原、沙漠、森林等地区的气象资料，更能进一步帮助监视危害性天气。随着微波雷达在气象卫星上获得应用以及大气遥感技术和大气科学的发展，气象卫星已经从定性的云图探测，逐步向定量探测大气温度、湿度、风速、云量、降水量、海面湿度以及大气成分等方面发展，这在提高中长期天气预报准确性方面会发挥更大作用。

世界气象组织为了更好地全面掌握全球天气变化，组织了一个全球气象卫星网并投入运行。该系统由 5 颗地球同步轨道气象卫星和 2 颗太阳同步轨道气象卫星组成。5 颗对地静止气象卫星，每颗能对南北纬度 ±50 度和间隔经度 70 度的近圆形地区进行观测，它们分别由美国提供 2 颗，苏联、欧空局和日本各提供 1 颗。极地轨道上两颗气象卫星是用来弥补 5 颗对地静止气象卫星无法覆盖地球两极地区的缺陷而发射的，分别由美、苏各提供一颗。这个纵横交错的气象卫星网可以连续监视全球任何一个地区的气象变化。世界各国都可以借助简单的接收设备免费接收卫星发回的云图，提高天气预报的及时性与准确性。

海洋卫星

人类居住的地球，其表面大部分为海洋，约占整个地球表面积的71%。它变化无常，对人类活动的影响是非常巨大的。对海洋进行深入了解和认识一直是科学家们迫切的愿望。然而，海洋上观测条件比陆地上要困难得多，利用船舶测量的经典的海洋学观测方法有很大的局限性，严重妨碍了对海洋现象，特别是海洋动力学现象的观测。只有对海洋多变的状态作连续和实时的观测，才有可能使人类及时掌握海洋动力学数据，认识海洋，开发和利用海洋。

装备光学成像设备和能探测海洋电磁辐射，及其在不同状态下的海面的反射、散射等特性的微波设备的海洋卫星，不仅能测得海洋水面的图像，还能获知海水温度，海面风速、风向，海面波浪高度，海面的洋流、海貌等数据。

海洋卫星

根据卫星轨道运行特点，海洋卫星能在短时间内提供大面积的，乃至全球性的海洋数据，从而使其成为观察海洋学、特别是海洋动力学现象的最强有力的工具。海洋卫星还能预测海洋总的环流，概略监视和预测海洋表面的动力学现象，改善全球天气预报和全球水准面的精度。

海洋卫星一般装备5种遥感器，即雷达测高仪、微波散射计、综合孔径雷达、微波辐射计、可见光和红外辐射计。雷达测高仪有两项功能：其一是测量卫星到星下点海面的距离，为测量海洋水准面提供数据。测距精度可达±10厘米；其二是测量海面的粗糙度，以便获得1～20米范围内的波浪高度信息，精度为波高的10%。海底地震引起海啸，传播速度很快，常常会给岸边和海上船舶造成巨大灾害。雷达测高计能够测量海啸波的高度和分布，确定海啸传播方向，对即将被袭击地区发出预警。

综合孔径雷达，可以获得海洋的图像，从这些图像可以提取海洋的波形图和海洋动力学特性。雷达能发射波长为 50～1000 米的海水波图像。这种成像雷达波可以穿过云层，风雨无阻，昼夜都能进行工作。它能提供靠近海岸线的波浪图、矿物沉淀和其他类似特征的高分辨率图像，测量它们的面积。还能测绘冰原、油污等污染范围。它还能以 25 米的分辨率确定鱼群和测绘海流图。

微波风场散射计也是一部有源雷达，是一种长脉冲雷达。它可测量全球范围内任何方向的风场，测量风速范围为 3～25 米/秒。散射计的地面覆盖范围是离星下点两侧约 235 千米对称的一条宽带。

微波辐射计是一种扫描多频率无源微波遥感器，能感测海洋表面微波辐射的强度，或表面辐射微波亮度温度。亮度温度是物质发射率、电解性质和粗糙度的函数。这种微波辐射计能探测大于 50 米/秒速度的海面风的振幅；能检测 2 摄氏度～35 摄氏度范围内的海水表面温度；测量超过 10～15 千米面积的海上浮冰分布；测量大气中的水蒸气、海岸特征等。扫描微波辐射计天线从卫星上垂直地面作 ±35 度范围内扫描，相当于以星下点为中心约 1000 千米的地面覆盖范围。微波辐射计为散射计、雷达测高计提供重要的大气校正数据。

扫描可见光和红外辐射计是辅助测量设
可见光和热红外图像，帮助识别海流、暴风
使用 360 度的扫描，监视星下 1800 千米宽的

海洋卫星给人类创造的物质利益是巨大
环境条件数据，能使海上和岸边生命保护、
海上作业等的工程设计更加合理和经济。

资源卫星

用于勘测和研究地球自然资源的卫星。
眼看不到的地下宝藏、历史古迹、地层结构
空气等资源，预报各种严重的自然灾害。

资源卫星利用星上装载的多光谱遥感

资源卫星

设备，获取地面物体辐射或反射的多种波段电磁波信息，然后把这些信息发送给地面站。由于每种物体在不同光谱频段下的反射不一样，地面站接收到卫星信号后，便根据所掌握的各类物质的波谱特性，对这些信息进行处理、判读，从而得到各类资源的特征、分布和状态等详细资料，人们就可以免去四处奔波，实地勘测的辛苦了。

资源卫星分为两类：一是陆地资源卫星，二是海洋资源卫星。陆地资源卫星以陆地勘测为主，而海洋资源卫星主要是寻找海洋资源。

资源卫星一般采用太阳同步轨道运行，这能使卫星的轨道面每天顺地球自转方向转动1度，与地球绕太阳公转每天约1度的距离基本相等。这样既可以使卫星对地球的任何地点都能观测，又能使卫星在每天的同一时刻飞临某个地区，实现定时勘测。

世界上第一颗陆地资源卫星是美国1972年7月23日发射的，名为"陆地卫星1"号。它采用近圆形太阳同步轨道，距地球920千米高，每天绕地球14圈。卫星上的摄像设备不断地拍下地球表面的情况，每幅图像可覆盖地面近两万平方千米，是航空摄影的140倍。

世界上第一颗海洋资源卫星也是美国于1978年6月发射的，名为"海洋卫星1"号。它装备有各种遥测设备，可在各种天气里观察海水特征，测绘航线，寻找鱼群，测量海浪、海风等。

电视直播卫星

电视直播卫星，也叫广播卫星，是一种专门化的通信卫星，主要用于电视广播。它由广播转发器和收发天线构成电视广播转发系统，外加保障系统，是运行在地球静止轨道上的太空广播发射台。

用广播卫星直接向公众转播电视图像和声音信号的广播方式叫做卫星广播。卫星广播通过卫星广播系统来实现，这个系统由广播卫星、地面接收网、上行站和测探站共同组成。

电视直播卫星采用三轴卫星测控技术，对地定向精度很高，并装备折叠式大面积太阳能电池板，发射功率大，覆盖面积广。通过卫星广播系统，只要在电视机上安装一根小型天线等设备，无需经过电视台转播便可接收直播电视。因此，直播电视为电视教育、医学和医疗活动、文化和体育生活提供

"中星九"号广播电视直播卫星

很大方便。用这种卫星还可转播电影。例如，由卫星电影公司先将电影的图像用尤线电发射至租用的卫星频道上，再由卫星向地面转播。地面上的电影院，如果希望放映卫星电影公司的电影，须向该公司购买"转播密码器"装在自己的接收设备上，这样就可以在自己的大银幕上播出影片。

电视直播卫星的应用，对个体家庭用户造福很大。特别是和地面电视比较，它具有极大的优越性。首先，它的覆盖面积广大，可以解决一些国家边远地区、山区、海岛和其他地面中继站难以布站、地区电视覆盖困难的问题。现在有了直播电视，那些居住在边远山区的散户，均可在电视机上装上一根小型天线，通过电视，可以和大城市一样放眼看世界了。其次，地面电视台站网传送电视到较远地区往往要经过多次中继转播，广播质量受到严重的影响，而卫星直播电视的转播环节少，且通常采用调频方式，所以接收质量好。

对地观测卫星

原来，在千百年的生产活动和生活实践中，我们人类逐渐认识到地球给人类带来的巨大影响。一方面，地球作为人类繁衍生息的场所，毫无保留地为人类提供了得以生存和进行生产活动的各种条件和物质，如矿产资源、粮食作物、森林草场、水产资源等。另一方面，地球也为人类带来巨大的、有时是毁灭性的灾难，如洪水泛滥、火山爆发、地震，以及农作物和森林草场的病虫害等。

据不完全统计，全世界每年由于各种自然灾害所造成的损失多达上千亿美元。在美国，由于农作物的病害，每年损失约37亿美元，而虫害损失达38

亿美元。我国也是一个多灾的国家，不是水灾就是地震，每年也有相当大的损失。

人类还发现，尽管我们生活在地球上，但是对于地球本身的奥秘，由于我们本身的局限性，加上受技术发展的限制，我们并没有完全认识它，而且只在地球上来研究地球，就像诗人所说，"不识庐山真面目，只缘身在此山中"，因此我们必须寻求一种新的方法，也就是到地球以外去研究探测地球，才能更好地开发和利用地球，进一步为人类造福，减少灾害造成的损失。对地观测卫星就是我们理想的工具，它可以帮助我们真正地了解地球。

那么，对地观测卫星都有哪些优点呢？

对地观测卫星的特点

（1）速度快。对地观测卫星一般发射到低轨道上飞行，这种卫星围绕地球飞行一圈的时间约90分钟，也就是1.5小时绕地球一圈，取得的信息资料非常及时。

（2）看得广。对地观测卫星一般的轨道都是大倾角椭圆轨道，甚至可以是通过南北极的极地轨道，所以地球的每个地方都能到达；而且一颗卫星可以覆盖数千万平方千米的地面面积，可以对地球进行非常广泛的普查，尤其在那些人类无法到达的地区，更体现了它的优越性。

（3）信息量大。对地观测卫星上有各种的观测手段和设备，能够对地球上的各种信息进行全面的探测。

就拿照相来说，一张照片上可以有各种丰富的内容，比如可以看到森林、山脉、海洋，还可以看到农田、公路、城市、村庄、机场、舰港，可以说无所不有。

这样，不同的专业部门就可以从中提取不同的专业内容，不必专门为了勘察农业发一颗卫星，勘察矿产再发一颗卫星，从而大大提高了效率，节省了经费，做到了信息的综合利用。

另外，它不但能观测地表面可见的部分，还可以观测人眼看不见的部分，比如探测地表以下一定的深度范围。

对地观测卫星的应用领域

对地观测卫星所取得的信息非常丰富，可以应用于国民经济的各个领域，下面以我国为例，来谈谈它的主要应用：

（1）万里国土尽收眼底。

所谓国土，是指一个国家主权范围内的全部陆地、领海及大陆架。包括地上、地下以及空中资源的综合。我国幅员辽阔，物产丰富，有960万平方千米的陆地面积，130多万平方千米的大陆架，其中蕴藏着各种丰富的资源，急需开发利用。近40年来，我国的生态环境发生了明显的变化，一方面，随着城乡建设、农业、渔业的发展，耕地的扩大，带来了繁荣发展的一面。另一方面，有的地方盲目地毁林扩田、围湖造田，加剧了生态的恶化，加速了水土流失，造成了自然灾害增加的趋势。如果用传统的普查方法，我们将会遇到很多困难。尤其是一些高山老林、沙漠沼泽地带，人员难以到达。就是能够到达的地方，靠传统的人工勘测，速度慢、耗资大，这么大的国家要多少时间多少人力啊！利用对地观测卫星飞得高、飞得快、视场大的特点，可以对我国进行全面的大面积的普查，取得各种有用的信息资料。这将为合理开发利用土地、整治水利资源、保护生态环境等提供丰富的资料和可靠的依据。

（2）全能的地质工作者。

利用地球资源卫星，我们能够对地球表面的地质地貌进行研究，如山脉的走向、地壳的变迁，从而可以对地球的演变、形成进行广泛的探索，并且绘制成地质地貌图。而且，我们还可以进行地震研究。利用对地观测卫星的信息，我们可以分析掌握地震前震区的种种环境异常，从而成功地预报地震。我国在利用卫星进行地震预报方面取得了很大的进展，从1989年10月到1992年8月，我国共预报了24次震情，其中准确的11次，较好的7次。

在1997年11月在美国召开的第十二次国际地质遥感应用大会上，我国发表了利用卫星进行地震预报的论文，引起世界广泛的关注和好评，被评为最佳论文。地质学家还研究证明，一定的地质构造、地表岩石的构造形状是与一定的矿产资源相联系的。利用对地观测卫星，我们不但可以看到裸露的地表，而且可以穿透森林、植物的覆盖看到其下部的情况。通过对这些信息的处理分析，就可以发现各种矿产资源，所以，用对地观测卫星来探矿找油是十分理想的。

（3）神通广大的测图员。

对地观测卫星的另一个鲜为人知的用途就是用于地图测绘。我们以往的传统地图测绘方法是利用经纬仪和标杆，一点点地进行。可想而知，要测绘一遍全国地图，靠人工谈何容易。假如要重新绘制我国 1∶100 万的全国地图，靠人工方法测绘再成图，有人估计至少要 100 年的时间。更何况有的地方，人员根本无法到达，而且靠这种方法绘制的地图，由于是一点一点地测绘，然后再拼接起来，使得误差很大。就是利用飞机的航空摄影来绘制，由于飞机飞行的时间有限，所以需要很多的架次，而且大约需要 150 万张的照片才能覆盖全国。再加上校正、拼接、成图，又需要大批的室内作业人员，连续工作 3～5 年才能完成。利用卫星进行地图测绘，则有无比的优越性，它飞得高，飞得快，看得远，一张照片可以覆盖几十万平方千米的面积，一颗卫星可以覆盖几千万平方千米的面积，大大提高了速度。如果要绘制上述的地图，只需要约 600 张照片，几个人工作半年即可完成。由于覆盖面积大，很远的两地可以反映在同一张照片上，大大提高了成图精度，减少了测量误差。因此利用卫星测图既省时又省力。据估算，用卫星测图的费用只有原来的 2% 左右。

（4）太空的考古工作。

卫星能用来考古，这太不可思议了，然而这是真的。卫星不但能考古，它在考古上还有许多重大的发现！你一定知道"丝绸之路"吧，我国古代人民就是通过它与外国进行贸易往来的。1993 年，中、日、法、美等国家利用卫星探测和实地考察相结合，对古代丝绸之路进行了全面考察。通过卫星所拍的照片，人们在叙利亚北部的沙漠中，发现了当时丝绸之路商队聚居的帕拉米拉古城。该城在公元 1～3 世纪时有 20 万人口，后来被古罗马毁灭。从卫星照片上可以辨认出埋在沙漠下面的神殿、剧场、浴场等，还发现了未曾发掘的地下墓地。类似这样的发现还有很多，比如在意大利，人们通过卫星发现了公元前 5 世纪的繁华古城斯皮那；在德国莱茵河河谷田野找到了 90 座古罗马军营；在距英国伦敦 30 千米的地下，发现了恺撒大帝当年入侵英国后，按照古罗马风格建造的地下城堡……可以说，卫星考古已经给考古学带来了革命性变化，世界各国的考古学家们已经利用卫星找到了许多古迹。可以预期，随着卫星考古的深入发展，一座座历史宝库将向人类开放，灿烂的古代文明将不断地呈现在我们眼前。

各国卫星登台亮相

地球资源卫星是 20 世纪 70 年代初期发展起来的。由于其应用价值高，各国竞相研制。

目前在轨工作的卫星系列有：美国"陆地"卫星、法国"斯波特"卫星、俄罗斯"资源－F"卫星和"钻石"卫星、日本地球资源卫星和海洋观测卫星、印度遥感卫星、欧洲空间局的欧洲遥感卫星、美法合作的海洋观测卫星、加拿大的雷达卫星等。其中，美国"陆地"卫星与法国"斯波特"卫星的技术与性能处于优势地位。

1972 年~1999 年，美国共发射了 7 颗"陆地"系列卫星，该卫星的图像产品在国际遥感市场上一度占垄断地位。世界上不少国家建有该卫星的地面接收站，一时间，"陆地"卫星风光无比。然而"半路杀出个程咬金"，1986年，法国的"斯波特"卫星上天，从此成为美国陆地卫星强有力的竞争对手。"斯波特"卫星的最高分辨率可达 10 米。

其实"陆地"卫星与"斯波特"卫星相比各有千秋："陆地"卫星谱段多，适用于范围广、色彩逼真的图像。如果要求很高的图像精确度，"斯波特"卫星则是更理想的选择。

中国在 1985~1987 年连续发射了 3 颗返回式国土普查卫星，取得了重要的、有价值的宝贵资料。

···▶ 知识点

"哈勃"空间望远镜

"哈勃"空间望远镜是以天文学家爱德温·哈勃为名，在轨道上环绕着地球运动的望远镜。它的位置在地球的大气层之上，因此获得了地基望远镜所没有的好处——影像不会受到大气湍流的扰动，视相度绝佳又没有大气散射造成的背景光，还能观测会被臭氧层吸收的紫外线。哈勃望远镜于1990年发射之后，已经成为天文史上最重要的仪器。它已经填补了地面观测的缺口，帮助天文学家解决了许多根本上的问题，对天文物理有更多的认识。

什么是载人航天

载人航天是指人类驾驶和乘坐载人航天器在太空从事各种探测、试验、研究、军事和生产的往返飞行活动。载人航天的目的在于突破地球大气的屏障和克服地球引力，把人类的活动范围从陆地、海洋和大气层扩展到太空，更广泛和深入地认识地球及其周围的环境，更好地认知整个宇宙；充分利用太空和载人航天器的特殊环境从事各种试验和研究活动，开发太空及其丰富的资源。载人航天器由载人航天系统实施，载人航天系统由载人航天器、运载器、航天器发射场和回收设施、航天测控网等组成，有时还包括其他地面保障系统，如地面模拟设备和航天员训练设施。

载人航天技术是人类航天史上的重大突破。

载人航天器的种类

根据飞行和工作方式的不同，载人航天器可分为载人飞船、载人空间站和航天飞机三类：

（1）载人飞船按乘坐人数分为单人式飞船和多人式飞船，按运行范围分为卫星式载人飞船和登月载人飞船。

（2）载人空间站又称为轨道站或航天站，可供多名航天员居住和工作。

俄罗斯展示了世界第一艘太空旅游飞船

（3）航天飞机既可作为载人飞船和空间站进行载人航天活动，又是一种重复使用的运载器。

载人航天的意义

众所共知，航天技术的发展给人类带来众多的益处。如果有了人在太空活动，就可使航天技术如虎添翼，充分发挥人的智慧与技能，解决航天技术上一些难题。人有独特的能力，如应急的判断力、创造力和主动的维修及调控功能。人有知觉和感觉，如视、听、触和运动感觉，有冷、热、嗅觉和平衡感等。人对信息处理和观察外界变化非常主动，还有认识能力，以及联想、总结、分析和综合记忆力等，其中有些是"电脑"不能代替的。人的控制和运动能力是载人航天中主要活动之一，包括力量的产生和运用、运动速度的控制、自发力控制和连续调整控制等，这些都对空间的操作活动有决定意义。即使一切都是自动化、智能化，也离不开人的介入，如虎添翼的道理就在于此。

发展载人航天有何意义呢？总的说来有如下几个方面：

（1）在科技方面，因为载人航天技术是科技密集综合性尖端技术，它体现了现代科学技术多个领域的成就，同时又给予现代科学技术各个领域提出了新的发展需求，从而促进和推动整个科学技术的发展，也就是说一个国家载人航天技术的发展，可以反映这个国家的整体科学技术和高技术产业水平，如系统工程、自动控制技术、计算机系统、推进能力、环控生保技术、通信、遥感、测试技术等。也体现了这个国家的近代力学、天文学、地球科学和空间科学的发展水平，特别是这个国家的航天医学工程的发展水平，如果没有航天医学工程的研究与发展，想要把人送进太空并安全、健康、高效地生活和工作是不可能的。

（2）发展载人航天能体现一个国家综合国力。当今世界各发达国家在发展战略上都把综合国力的增强作为首要目标，其核心是发展高科技，而主科技的主要内容之一就是载人航天。当一个国家把自己的航天员送入太空时，此举可充分体现其综合国力的强盛，也将增强该国民众的民族自豪感，振奋民族精神，增强了全民的凝聚力。中国航天员进入太空，就像20世纪六七十年代中国拥有核武器和人造地球卫星那样，引起全世界人民关注。

（3）载人航天的发展能更好地开发太空资源为地球人类造福。浩瀚的太空是人类巨大的宝库，含有丰富的资源，而载人航天事业是通向这个宝库的桥梁。航天员们在太空对地球居高临下，能以各种不同的手段对地球进行观测，可以比无人的探测和遥感获取更多的信息和资料。而太空工厂在微重力、真空和无对流的条件下，可以制造地球上难以完成的合金材料和"灵丹妙药"。可以预料，印有"太空制造"字样物品将会不断地投放市场。

（4）载人航天是人类发展的一个新阶段的开始，因为人类或许可以通过载人航天的桥梁，转移到其他星体居住和生活，开发出更美好的生活空间。这不是可望而不可及的事情。

载人航天发展基础

因为载人航天事业是一项巨大的系统工程，所以它的发展基础必须是：综合国力强盛，经济发展水平高，有一定的财政支持，有一批从事航天科技事业的骨干人才队伍，有先进的科学技术的发展水平。这样才有可能发展载人航天事业。我国现已基本具备上述基础，所以才成功发射了载人航天飞船。

载人航天体系是在航天技术日趋成熟的条件下建立的。地面发射基地的建设，指挥管理系统的组建、跟踪、遥测、遥控和通信网络的组建，火箭与推进系统的建设，航天器制造工艺中的新材料的研制，航天器的发射、回收技术等。它涉及选拔合适的人进入太空，建立航天员的训练基地，建立航天医学体系，结合航天器研制建立航天员的环境控制与生命保障系统，组织好航天员进入太空的前、中、后的医学监督与保障工作，确保航天员的安全，结合载人航天器研制增设应急救生系统，等等。

载人航天飞船

载人航天飞船的外形较简单，有球形、圆锥形等，但重量较大；卫星的外形则多种多样，呈现不规则状，重量比飞船的轻许多。

载人航天飞船有和卫星相同的系统，除结构、能源、姿态控制、温度控制外，还有遥控、遥测、通信、信标跟踪等无线电系统，以保证与地面的通信联络、控制指令的传递、遥测信息的传输、资料参数的传送等。

载人航天飞船的特点是有人，因此就有与卫星不同的系统，包括应急营救、返回、生命保障等系统。具有交会、对接和机动飞行能力的载人航天飞船，一般还设有交会雷达、计算机和变轨发动机等设备。

单就需要返回地面的载人航天飞船来说，其结构比一般不返回地球的卫星复杂得多。首先要对付气动加热造成的烧蚀，还要对微流星和宇宙射线进行防护。载人航天飞船返回时，由于离地高、速度大而具有相当大的动能和势能，在进入大气层后，在空气阻力的作用下急剧减速，飞船能量的绝大部分都转化为热能。如果这些热量全部传导给飞船，完全可把飞船化为灰烬。这就是气动加热。载人飞船的结构设计必须解决这个问题。合理选择飞船返回舱的气动外形，可使它在返回过程中所产生的80%热量扩散到四周的大气里。剩下20%左右的热量，则必须采取可靠的防热措施加以解决。

载人飞船上的生命保障系统是另一个十分重要的技术问题。它不仅复杂，而且必须绝对可靠。船舱要气密，舱内的温度和大气压力要适合人的生命需要，控制要求极高。在载人飞船中要造一个与地球相似的微小气候，首先要模拟大气的混合比例，用灌装气体或电解供氧办法使航天员的座舱中氮占80%，氧占20%，保障每个航天员每天所需的576～930克氧；而对他们每人每天呼出的约1000克二氧化碳，则采取用分子筛吸附的方法，控制其浓度不大于1%。调节飞船座舱温度湿度，也十分重要，座舱的热源，有$\frac{1}{3}$来自人体，通常每人每天大约产生75千卡～150千卡；来自太阳辐射和各种电子仪器的热量也各占$\frac{1}{3}$。座舱除对壳体采取隔热措施外，还采用专门的热交换器把多余的热量吸收和辐射出去，使相对温度维持在18摄氏

载人航天飞船

度~25 摄氏度。人体每天的呼吸和出汗，排出水分约 1.5 升，在座舱内形成水蒸气，故要采取冷凝和化学吸收的办法，使湿度控制在60%～70%。由于座舱狭小和密封，而人体代谢物达 400 多种，易造成舱室污染；在失重状态下，气体对流消失，热平衡难于维持等一系列问题，都需要在飞船上很好解决。

载人航天飞船在航天飞行中，可研究各种特殊因素对人体的影响和相应的防护措施，以及人在航天环境中长期生存所必需的条件和设备等问题。

在飞船急剧升空时，人体重量会相应增加而产生超重；飞船返回地球时，必须制动，速度急剧降低，也会产生反方向的超重；飞船进入绕地轨道后，它就在某种程度上摆脱地球引力的作用，这时人体就失去重量，进入失重状态。超重和失重对人体各个器官都会产生生理影响。因此，载人航天飞船进入轨道飞行并安全返回地面时，可以研究人在空间飞行过程中的反应和能力，研究航天员如何才能经得住起飞、轨道飞行以及再入大气层重力变化的影响。在科学上应用载人航天飞船，可以进行生物、医学、天文、物理研究和天体观测；可以进行各种空间科学试验以及进行地球自然资源勘测等等。

目前，世界上发展载人航天飞船、并完全掌握这种载人空间技术的国家，有美国、俄罗斯和中国。此外，欧洲和日本正在积极准备发展载人航天飞船。估计不久的未来，掌握载人航天技术的国家会渐渐地多起来。

40 多年来，已经实现的载人航天计划有：苏联先后发展的"东方"号、"上升"号、"联盟"号以及"礼炮"号、"和平"号等载人空间计划；美国先后发展的"水星"、"双子星座"、"阿波罗"、"天空实验室"和航天飞机等载人空间计划；我国的"神舟"系列载人飞船航天计划。

为何要对载人航天器进行遥控

虽然飞船或航天站上有航天员，但是还有很多事情需要地面遥控。

第一，宇宙飞行需要很多计算，这里有轨道校正、飞船向航天站汇合、着陆用的弹道导航计算。

第二，重要的是分析大量有关飞船和航天站技术条件、功能的数据以及航天员身体条件的数据，这些数据从安装在飞船上的近 1000 个和航天站的约 2000 个遥测传感器传送到地球。

第三，航天员进行的实验结果数据，必须尽快处理和鉴定。为了消化如此大量的信息，要有功能很强的计算机系统支持。地面测控中心拥有计算机群体系统，占有数百平方米空间。显然，上述种种工作应该传送到地面进行。

第四，新一代载人飞船和航天站越来越复杂。虽然航天员经过全面训练，但他们不可能像研制这些系统的科学家和工程师那样熟悉所有系统。因此，他们有时需要得到地面科学家和工程师的帮助。

为了从地面测控中心控制飞船和航天站上的系统，作为测控集体的一部分，有一批科学家和工程师昼夜工作着。

航天站在轨道上长期运行，使得有必要建立永久性测控服务。显然，服务人员还应定期轮换。为了有效地进行培训以及进行有效率的试验，必须研究和建立专门的训练模拟器。它带有一个能显示飞行状态的显示器，且和测控中心的那个完全一样。指导老师从他的控制台制造故障来模拟飞船系统和仪器故障，训练学员确认这些故障，并能提出解决故障的建议。学员的操作演示将显示他在何种程度上已准备好与实际的宇宙飞船打交道。学员正式到地面测控中心工作，还要经过有效的考试。

长期的测控飞行经验已经显示出另一个问题：控制飞船上的系统已经证明是极其单调的。由于疲劳，测控专家们的注意力会平稳地减弱。为了防止这些，必须采取专门措施。如随着时间进程自动系统性能分析中断，并使信息失真（两个或三个参数出问题）。在一个系统中模拟的这种故障功能自动传送给监督者，一个专门训练小组观察责任专家对故障的反应，并评价他的工作效率。

由于从设计到发射的全过程实行全面质量控制，空间设备具有很高的可靠性，但新设备发生故障情况仍是不可避免的。如果飞船系统有了故障，或者，如果一个航天员的身体状况不佳，那么，不仅是航天员组，而且很多地面专家应掌握这情况，他们分析它、模拟它，寻找消除故障的办法并提出建议。测控中心、研制该系统的机构和宇航训练中心都要随时应付这种情况。

地面测控中心的另一项重要工作，是使航天员摆脱一些不太重要的事务。航天员飞向太空研究宇宙和地球，获取新的信息，他们要进行试验和观察的项目不断增加。航天乘员必须进行越来越多、要求越来越高的创造性研究工作。因此，飞船上的一些日常工作便落到测控中心，由地面发出指令让仪器和系统来完成。

地面测控中心的职责是复杂而多变的，它们由几百名专家组成的卓越集体来完成。为了在任何时刻都能帮助太空飞船或航天站的乘员们，他们密切注意着飞船动向而昼夜轮班工作着。

如何维修载人航天器

宇宙飞船、航天站、航天飞行器及其设备需要经常维护修理，这是很自然的道理。但是，这项工作是在轨道上做呢？还是把分离出来的单元和组件带回地球修理好呢？修理工作及单元和组件的更换，在太空进行确实是更困难些，尽管如此，航天站和飞船的设计师们还是规定维护、修理以及设备的置换必须在飞行中进行。若将有故障设备由专门派出的宇宙飞船运回地球，修理后再派船送回太空，费用实在太高，不太可取。

苏联和美国的载人航天飞行经验表明，在空间，航天员有能力纠正设备中的各种类型故障。他们会及时采取正确措施，在危急状态下修好有故障系统。这种情况在苏联的"礼炮"号、"和平"号航天站以及美国的"天空实验室"中都发生过。

例如，弗拉基米尔·廖科夫与万利弗·路敏曾设法将足有三层楼房大小的无线电望远镜天线从"礼炮6"号航天站分开，但是被卡住了。要做这项工作，必须到开放空间去，由于他们的出色工作，问题最后解决了。又如当"天空实验室"进入地球轨道后，它的热防护层被扯掉，要进行修理。由于美国航天员训练有素，在地面上曾受过模拟修理训练，因此他们在轨道上成功地执行了修理任务。又如1984年，在"礼炮7"号航天站逗留过237天的列沃尼特·砍什和弗拉基米尔·索洛伏夫对推进系统进行过复杂的修理工作：当氧化剂开始泄漏时，传感器不能指示泄漏点。要寻找出泄漏点并进行密封，非常困难。这时必须把故障区划分为小区，从瓶中取氮，为做这些工作，航天员不得不5次进入开放宇宙空间，才终于修好。这种工作以前在航天飞船上从未做过，而且只能在轨道上进行。"和平"号航天站"量子 2"号舱的舱口盖紧固部件损坏了，曾多次修理都未修理好。1991 年 1 月 7～26 日，航天员阿法纳西耶夫和马勒罗夫不得不再次修理，他们先后 3 次来到开放空间，用专门工具拆下损坏的舱口，盖好紧固件，换上了由"联盟 TM"送来的新部件，才算修理好。在开放空间，航天员停留时间有限，修理操作在高速飞行中进行，再加上穿着航天服，修理不如在地面方便。但总的说来，日常维护应在飞行中做，有的也只能在飞行中做；但也不能绝对排除例外情况，当有必要检修某些重要部件或设备的唯一零件时，可能需要运输飞船或航天飞机把它运回地球，在工厂修理后再重返地球轨道。

飞船的交会与对接技术

载人航天飞船的成功发射和安全返回，是人类掌握空间技术的伟大胜利。但是人类要在空间有所作为，必须发展以飞船在空间交会、对接为基本内容的在轨技术。那么两艘飞船在空间运行，怎样才能进行交会对接呢？必须具备两个基本条件：

第一，两艘飞船在茫茫太空，能互相寻得着；第二，两艘飞船中至少有一艘拥有变轨发动机，能产生动力改变其轨道。

如果在空间轨道上已有一艘飞船在运行，地面要发射一艘飞船与之交会和对接，其过程是这样的：地面跟踪雷达站首先要精确测量空间飞船的轨道，然后根据这个轨道选择待发飞船的发射时间和最靠近空间飞船的运行轨道。待发飞船应在规定时间内追上它。按照所选择的发射时间，把第二艘飞船送入与第一艘飞船同一轨道面和相近高度的轨道，接着根据地面跟踪站的指令，启动姿态控制和机动飞行变轨火箭发动机，逐步改变轨道并向第一艘飞船接近。

确定距离时，飞船就启用船上自带的交会用探索雷达，用电磁波进行空间搜索。当搜索到空间那艘飞船时，自动转入对它的跟踪，同时通过飞船自载的自动驾驶仪把飞船导向已在轨的空间飞船。当两飞船的距离近到只有数十千米时，航天员已能看到目标飞船上高强度灯光信标，于是可转用光学跟踪仪对目标飞船跟踪并向对方进一步靠拢。如果两艘飞船之间的距离小到

20～30 米时，就认为两船已完成空间交会任务了。接着就可进行对接。这时航天员应调整飞船的姿态，使其对接舱对准目标飞船的对接舱的接合环，启动机动火箭发动机以实现对接。对接时两飞船的相对速度很小，一般横向不超过 0.1 米/秒，纵向不大于 5 米/秒。

飞船在地球轨道上高速运行，对飞船的操纵、控制和指挥都十分复杂，要采取循序渐进的方法来进行交会、对接和变轨飞行。目前美、俄两国掌握空间飞船的对接技术已经非常成熟。例如，"和平"号航天站主体舱和多种专用舱飞船进行自动对接，组成了轨道复合体。"联盟"号载人飞船和"进步"号货运飞船还定期和该复合体进行对接，运送轮班航天员和各种货物，实际上使该复合体变成了一个太空实验基地。据分析，飞船在空间轨道的交会对接技术，在推动空间技术的发展方面的作用是无限的，可以用它来组建太空村镇和城市。

熟练掌握以飞船空间对接交会为主要内容的空间在轨技术，包括航天员空间长期飞行和到开放空间活动、多艘飞船在空间编队飞行、两航天站之间穿梭摆渡飞行等，是空间技术发展的高级阶段。

1986 年 3 月 13 日，苏联"联盟 T－15"号飞船载着航天员列·基齐姆和弗·索洛维夫进入地球轨道后，连续实现了一系列在轨技术。3 月 15 日首先与"和平"号航天站对接，两名航天员对航天站进行了调试，并且卸下了"进步25"号和"26"号两艘货运飞船送来的仪器和其他物质。5 月 5 日，"联盟 T－15"号飞船与"和平—进步26"号复合体脱离对接，好像是一辆太空公共汽车，又载着这两名航天员飞向"礼炮7"号航天站。5 月 6 日与"礼炮7—宇宙1686"号复合体对接。航天员进入该复合体，执行了多项考察和科学实验任务，并且多次来到开放空间，试验在太空组装大型结构的方法。直到 6 月 25 日，"联盟 T－15"号飞船与"礼炮7—宇宙1686"号复合体脱离对接。带着部分科学仪器，两航天员又乘飞船回航"和平"号航天站，27日与"和平"号航天站对接并继续对航天站的结构部件和各系统进行全面试验，安装了从"礼炮7—宇宙1686"号复合体运来的和两艘货运渡船送来的仪器和设备。时至 7 月 16 日，"联盟 T－15"号飞船又与"和平"号复合体脱离对接，结束历时 4 个月的太空穿梭飞行、运输安装和太空考察、科学试验任务，载着两名航天员回到地面。这次太空航行，大大丰富和发展了空间在轨技术的内容，其经验有利于载人空间技术的发展，对于今后在轨道建造大型结构物，例如建造空间平台、空间工厂和大型空间太阳能电站以及建设大型空间人类居住地，都是不可缺少的；对于处于危险之中的航天飞船、航天站或其他飞行器的乘员提供救援帮助，也是十分重要的。

"阿波罗"及"联盟"号飞船的对接

根据 1972 年签字的空间探索进行合作的双边协议，1975 年 7 月，美、苏两国航天员分别乘"阿波罗"号和"联盟"号飞船进行首次太空对接试验。美方参加的有"阿波罗"飞船指令长汤姆逊·史坦福、航天员多纳尔特·史拉通和万斯·勃朗特；苏方参加的是"联盟"号飞船指令长阿列克赛·列沃诺夫和航天员万来列·库巴索夫。

这次太空对接是两个航天大国从自己的利益和彼此需要出发认真进行的一次合作。主要目的是要看一看，两国的载人航天飞船是否能在空间进行对接和怎样才能进行对接，这对轨道救援工作有重大意义；其次还希望共同在空间物理学、材料科学、医学与生物学等方面做一些科学技术试验，双方都想从试验中获益。

由于美国和苏联是完全独立地发展自己的载人航天飞船的，双方还希望通过对接的机会，实地考察一下对方的飞船技术状况，这无疑是有极大好处的。要合作，就必须让对方在一定程度上了解自己，这对竞争来说则是不利的，所以在对接成功之后，其中有一方考虑到技术保密，中止了继续进行空间合作的协议。

"阿波罗"号与"联盟"号飞船，要在空间轨道上实现对接，不是一件易事，曾面临许多棘手的技术问题：

首先，要进行对接，就意味着两飞船在太空应能互相找得着对方。

其次，要确定空间两飞船交会坐标。然而，"阿波罗"号和"联盟"号两飞船的雷达搜索和集合系统实际上是不相容的。两飞船的对接舱，总的说来也是不同的。两艘飞船舱内航天员生命所必需的大气更是互不兼容："阿波罗"飞船用的是一个 260 毫米水银柱压力的纯氧大气层；而"联盟"号拥有压力为 760 毫米水银柱正常的地球大气。单是这个问题就排除了两国航天员简单地从一艘飞船进入另一艘飞船作互访的可能性。

在弹道专家面前也有着一些困难。例如，苏联的专家在他们的计算中使用的坐标系统和美国专家用的坐标系统是不一样的；莫斯科的飞船地面测控中心工作时用莫斯科时间，而设在美国休斯敦的中心则是使用飞行时间，也就是飞船发射时刻起始的时间；苏联的科学家度量用米制单位，而美国使用传统的英制单位。所有这些问题是怎样解决的？参加对接试验的"阿波罗"和"联盟"号飞船基本结构变动都不大，为解决两艘飞船座舱内大气环境的不同，专门设计了一个对接过渡舱作为两船的过渡段。它是一个长3.15米、直径约1.42米的由厚铝板构成的圆柱体，两端分别可以与两艘飞船对接，两船对接好后它便构成航天员互访时的通道。过渡舱外带有两个气瓶，舱内设有无线电通信和电视设备、温度控制系统以及显示大气成分和压力的设备等。两飞船完成对接后，航天员互访是这样进行的：首先，两名美国航天员（另一名留在"阿波罗"座舱内）进入对接过渡舱，经25分钟，舱内转变为一个大气压的普通空气之后，两人便进入"联盟"号访问。访问约数小时之后，他们再回到对接过渡舱。为了防止低压症，两个人要在一个大气压的条件下，在这里呼吸纯氧2个小时，用以排除血液中的氮气，再经25分钟，舱内气压转变为0.35个大气压纯氧，然后才回到"阿波罗"号飞船的座舱。第二天，一名苏联航天员（另一名留在"联盟"号内）仿此程序进行回访。至此，互访就算完成了。

对接中的所有其他技术问题，在美苏两国所有参与对接人员的友好和通力合作下，都获很好解决。"阿波罗"号和"联盟"号飞船的空间对接取得完满成功。"联盟"号苏联航天员、指令长阿列克赛·列沃诺夫对于这次太空对接回忆说："对准另一个国家的飞船进行对接、提高太空安全、准备宇宙探索中的伟大合作，所有这些和创造性的崇高工作鼓舞着两个国家的专家队以及所有参加'阿波罗—联盟'号对接试验计划的人们去克服一切困难。"

知识点

航天飞机是如何变轨的

航天飞机在圆轨道上稳定运行时，地球的引力正好提供了航天飞机所需的向心力。如果航天飞机的尾部变轨发动机向后喷气，由于反作用力，航天飞机的速度会增大。然后关闭发动机。由于速度已经增大，此时所需的向心力增大，地球的引力就不够了，航天飞机不能再保持原先的圆轨道，被甩向更高的轨道。

　　同理，当航天飞机尾部朝前喷气时，航天飞机会瞬时减速。当速度降低后，地球对航天飞机的引力显然就过剩了，航天飞机被吸向地球，最后，航天飞机在较低的轨道上运行。

太空航天站建立的必要

　　40 年的载人航天实践已经证明，由于给养问题，无论是载人航天飞船或空地往返的航天飞机，在太空飞行时间不能很长，一般不超过两周；另一方面，航天乘员初到太空的头几天会感受到失重效应给身体带来的不适，诸如头晕、自我失去协调等，会影响他们的工作能力，只有经过 7 ~ 10 天身体完全适应失重后才能全力工作。如果除去失重自动适应期，利用剩下的很短时间，不可能在航天飞船和航天飞机上进行很多空间科学试验；更不可能进行较长时间的试验项目。发射这样短期的航天飞船或航天飞机，效益费用比太低了。打一个比喻，一艘海洋研究船，要到远洋进行科学研究，如果它只能自带一两个星期的食物和淡水，就不可能在远洋进行长期海洋研究。要进行长期海洋研究，就必须派出运输船给海洋研究船运送生活补给品。为了把空间科学长期进行下去，就

太空航天站

必须建立专门的太空航天站，至于给养和人员，另用航天渡船进行运输。因此，科学家认为，在太空建立空间科学研究点——航天站，是航天技术发展

的重要和必然的阶段。建立太空航天站，好处是显而易见的。

首先，建立航天站，便可长期进行轨道飞行。它持续飞行的时间可长达数年、数十年甚至更长。这就为空间生命科学研究、人在空间长期失重状态的适应研究以及其他空间科学研究创造了良好的条件。

第二，在利用航天站研究长期失重对人体影响的基础上，可为长期航天，特别是星际旅行建造人的生命维持系统，试验长期飞行的设备和技术。在这方面，苏联利用航天站的载人科学实验考察，迄今持续20多年，取得长足进步，为世界所公认。航天员季托夫和马纳罗夫长期在航天站工作，创造了在太空一次连续漫游365天的记录，被世界认为是一个了不起的成就。展望未来，人们清楚意识到人类星际旅行为期不远了。从技术角度看，没有什么问题是不可解决的；然而关于人体能力，主要是适应太空能力，还有很多未知数。要解决这个问题，还需要长期的空间实践，只有航天站才能提供这种客观的实践场所。一艘现代飞船飞达火星的最短时间大约270天。如果再作努力，人在失重状态下能持续2~3年，那么，人类就可亲临火星考察，探究它的奥秘，实现人们梦想的真正星际旅行。

第三，航天站也可成为今后建立月球居民区和未来火星载人飞行的中转站；随着太空计划的进展，也可能成为未来到月球、火星载人飞行器的一个组装、试验和起飞点；也可利用航天站试验和合成各种新材料，为建设太空工厂作工艺实验准备，将来在太空工厂生产星际旅行所需要的技术设备。

第四，在航天站上，可利用空间的失重和真空等特殊条件生产地球上不能生产的超纯度晶体、医学及生物制剂，这对发展电子工业和人类与疾病作斗争、造福民众有不可估量的意义；在航天站上，航天员更可以从空间经常监督地球大气、海洋和谷物生长状况，估价地球上矿藏大小，保证超长距离通信，发出关于气旋、飓风和火灾起始等警告，还可为捕鱼船队、舰船、勘测和铁路、高速公路、石油天然气管道的建设者提供服务。

影响广泛的航天高新科技

人类通过几千年的不懈努力，终于实现了飞上长空、探索宇宙的美好愿望，迎来了标志着人类社会文明高度发展的航空航天时代。随着世界新技术革命的到来，新技术、新思想和新方法的应用，航空技术和航天技术将出现更大的飞跃，将在发展现代人类文明的三大支柱——信息、能源和材料的事业中做出更大的贡献。

航空技术将运用微电子技术、计算机、新材料、新工艺和新能源来发展性能更优良的产品扩大应用范围。航空器将进一步向一体化、综合化、信息化的方向发展。新动力、新气动布局、新材料、新技术的应用将大大改善飞机的性能。飞机的载重能力、机动性、适应性和经济性都将有新的突破。即使是制造噪声低、污染少、经济性能好的远程超音速客机这样一类复杂的飞机，从科学技术角度来说，也是完全可能的，关键在于人们对这种需要的迫切程度以及是否值得花费巨大的人力和物力。这种飞机将把洲际旅行时间缩短到几个小时。航空运输将会更普及、更安全、更经济，为人类的工作、旅游和生活带来更多的方便。航空器将在农业、牧业、渔业、探矿、气象、体育和环境保护等方面得到更加广泛的应用。

航天技术将进入大规模开发和利用近地空间的新阶段。直接为国民经济和人民生活服务的各种应用卫星正向高性能、多用途的方向发展，以获取更大的经济和社会效益，使航天活动进一步商业化。随着航天飞机和其他新型空间运输系统的使用、空间组装和检修技术的成熟，人类将有可能在太空建造各种大型空间系统。在近地空间将建立起永久性航天站、太阳能电站和空间工厂，甚至可能建立空间城市和开展空间旅游，太空将成为人类频繁往来的新场所。利用永久性航天站进行长期的科学研究和实验，可促使天文学、地学、生物学、物理学和化学等产生新的突破。从太空将获取信息、材料和能源，直接造福于人类。航天活动将为解决人类面临的能源、生态、环境和人口等问题开辟多种新途径。各种空间探测器可能飞遍太阳系的"天涯海角"，为揭开太阳系的形成和生命起源之谜提供资料。人类在月球建立基地、到达火星和其他行星，还面临着费用过于庞大和许多有待克服的困难。但星际航行只有在光子火箭获得成功和很多有关科学技术有了更大发展之后，才有可能实现。

另一方面，未来航空航天的军事应用将会进一步强化，太空武器有可能进入实用阶段。但是，人类的历史总是向前发展的，和平、进步、幸福是地球上绝大多数人的愿望。科学技术的发展最终要达到造福人类的目的。航空航天事业也将沿着这条道路前进，在这个人类空前规模的伟大事业中，约占人类总人口 1/4 的中国人民必将做出自己应有的贡献。

航天科技在现代通信的应用

卫星通信是航天技术服务人类日常生活的杰出范例。世界第一颗用于通信的试验卫星是在 1958 年底发射成功的。它在通信方面的应用立即受到人们的普遍重视。但通信卫星的真正发展是在 60 年代，并在以后的年代得到进一步完善和提高。通信卫星的发展是从探索利用卫星传播无线电信号的可能性开始的，中间经过了只反射电波的被动式通信卫星、有放大作用的主动式通信卫星，以及地球低轨道、中轨道、高轨道、圆轨道、大椭圆轨道等卫星的技术探索，直到发射成功高悬地球赤道上空 36000 千米处的地球同步轨道通信卫星，使卫星通信达到了成熟的实用阶段。

卫星通信就是利用通信卫星作为中继站进行地球上各点之间的通信，是航天技术与通信技术相结合而产生的现代通信手段。它由空间和地面两部分组成。通信卫星由通信天线和通信转发器组成的专用系统来转发无线电信号。向通信卫星发射无线电信号和接收来自通信卫星信号的组合设备，可设在陆地、海洋船只、大气层中飞行的飞机上，它们分别称为固定地球站和移动地球站。对轨道上通信卫星进行跟踪、遥测、遥控和监视，以保证通信卫星正常工作。这些设备往往和一个标准卫星通信地球站设在同一地点，构成操纵卫星和调度其他地球站业务的卫星通信控制中心。

卫星通信是通过通信卫星对无线电信号进行放大和转发来实现信号传输的，它不受高层大气、气候、季节、距离等条件的限制，传输质量高、稳定可靠。各地面地球站只要一个天线系统和一套接收发射装置就可进行工作。由于卫星通信的费用与通信距离无关，对远距离通信最为经济。

卫星通信系统通常都工作在微波频段，工作效率高且通信容量大。例如目前在轨道运行的国际通信卫星是为满足国际电话、电视、电报及高速数据通信而发射的第五代通信卫星。卫星重量约 1.9 吨，包括太阳能电池帆板在内的最大跨度达 15.7 米，沿地垂线轴长 7.3 米。该卫星拥有 12000 多条双向话路。

近年的卫星通信又向毫米波频段推进且获得显著进展，通信卫星的体积更趋小巧，通信容量则更大。由于毫米波天线反射器很小就能获得规定的增益和指向，因此地面终端也可做得小巧、轻便，目前世界上已出现了便携式地面卫星通信设备，重量只有 20 千克。使用毫米波卫星通信，无论是可靠性、使用寿命或是成本都更具优势。

航天技术的发展促使通信业务不断扩大，通信卫星不断向专业化方向发展，除国际公共通信卫星外，出现了地区性和国内公共卫星通信以及海事卫星、数据中继卫星、广播卫星等专用通信卫星，使各种专业化通信网日益增多和完善。现在公共卫星通信网、专用卫星通信网遍及全球，它们把地球上人与人之间距离变近，关系变得更密切了。人们的工作、生活离不开的电话、电报、传真、数据传输和电视都离不开卫星通信，其信息传递之快速、方便不仅给人们带来极大方便，并已成为现代信息社会的支柱。例如，印度尼西亚是一个由几千个岛屿组成的海洋国家，通信曾是这个发展中国家最头痛的事。然而，该国在建成国内公共卫星通信网以后，一下子把几千个岛屿的通信都联网在一起，并使其通信事业步入世界的先进行列。通信事业的发展，很大程度上促进了这个发展中国家的经济活力。

又如，在中国，用我们自己成功发射的通信卫星完成了广播电影电视部、水电部、新华社、总参通信部等单位预定的电视、广播、电话、传真等通信业务。现在乌鲁木齐、拉萨等边远城市收不到当日中央电视台节目的日子已成为历史。此外，我国用自己的通信卫星还沟通了北京至乌鲁木齐、拉萨、昆明的电话线路以及成都至拉萨、昆明、兰州至乌鲁木齐的通信线路，开通了拉萨至全国 520 个大中城市的长途自动拨号，加强了边远地区和首都以及内地的联系。这对繁荣边疆地区的政治、经济和文化生活起着极为重要的作用。

平均大小只有一辆旅行车的现代通信卫星，可以拥有 24 个通信转发器，是在地球轨道上飞行的真正的太空交换台，它不断接收并转发来自各地奔流不尽的信息。可同时传送 12000 路长途电话并同时转播若干套电视节目；还能将新闻报刊模板从中心城市发往各地城镇印刷厂，使当地读者能看到当天大都会的报纸、杂志。

卫星通信，还迅速地向用计算机互连着的综合数据传输（声音、数据、文字和图像）网络、电视会议、电视教育、数据采集、新闻报刊模板传递、航空航海通信、远距离诊病和医疗、政府行政管理、电子邮递和应急救灾等领域迅速发展。因此，完全可以说，航天技术不仅改变了通信体系，而且使通信的发展影响着人类社会的生活方式。

航天科技在工业和日常生活中的应用

实际上航天科技的一些重大成就已经在国民经济的各个部门得到了推广应用，有力地推动了经济的发展。例如，有数十种新材料已应用于机械制造；一些试验台已用于提高民用机械寿命试验；航天飞机的结构试验方法与装置已推广到各种飞行器、新型汽车、农业机械的研制中；航天飞机的自动着陆系统也已用于民航和货运飞机的全天候着陆控制上；为研制航天飞机和其他航天器而开发的计算机辅助设计、计算机辅助制造的技术已应用到其他各行各业。航天技术在民用工业技术领域的推广应用，大大促进了国民经济各个部门的技术更新。

航天技术也给医疗卫生事业带来了福音，利用航天技术的成果来检查和治疗疾病已是屡见不鲜。例如，可用航天技术治疗心脏病。如今可以把人造卫星上的微型电路和镍镉电池移植过来，制成可充电的埋藏式心脏起搏器，帮助病人的心脏工作。这种起搏器体积小、重量轻，而且可以从病人体外充电，减少了因更换起搏器给病人带来的痛苦。又如用来监测载人宇宙飞船航天员身体状况的血压检测器，目前放置在美国的各个公共场所，供有高血压的病人检查血压，使用很方便。这种仪器能根据血液流动的声音来分析人体血液情况，测出收缩压和舒张压，并能将每次测量的血压数据自动记录下来，供医生治疗时参考。航天技术中的红外摄影和判读技术，可用来确定烧伤病人皮下深处组织的烧伤程度和坏死组织的范围，从而为早期进行切痂植皮手术提供可靠的依据，避免本可自动愈合的组织被误切掉。利用航天器上用的敏感辐射计，能测量 0.1 摄氏度的温度变化。由于癌组织比正常组织温度高，所以用它能检查出什么地方有癌变。它还能测出人体更深部位的温差。航天技术成果，还可用于制造新的医疗卫生器械。例如，用于航天器上的自动微生物检测器，在地面上 15 分钟内可测出液体中微生物的含量；利用航天工艺技术可以为下肢瘫痪的病人制造一种能上下楼梯的折叠式扶车等。在空间探测中发展起来的自动光学显微镜，可以把在宇宙空间拍摄的不太清楚的图像增强成高分辨率的显示图像。把它用在医学上，可提高 X 光图像的效果和使其他病理图像更加清晰。

为在地面测控中心能监测航天器上航天员身体状况而发展起来的远距离电子医疗系统，也可用到医疗卫生事业上来，这就是遥诊医学。它可以把偏远地区的医务人员与大城市医院的高级医生联系起来，解决偏远地区疑难病和突发病的治疗问题。例如 1989 年 3 月，美国提供一个兼容的卫星地球站设在亚美尼亚共和国，开始了国家之间的医疗咨询。美国的医疗设施通过商业卫星公司和国际卫星公司的卫星与亚美尼亚的医院和康复中心连接。每周两天，每天提供若干小时的单向电视和双向通信能力，以提供医疗咨询，帮助1988 年 12 月亚美尼亚大地震中受伤的人，主要是整形外科手术、理疗和心理咨询，支持康复工作。

空间技术的广泛应用

空间技术试验在工业的应用

在很多领域，地球上应用的常用技术实际已达到它们的极限。发展费用急剧增长，有时候所得成果不能证明其合理性。这就是为什么要探求空间特殊环境下的潜力。专家们相信，在空间工厂生产大约 500 种能给工业带来革命性变化的新材料是可能的。这将包括超纯度晶体、超硬度合金和高透明类玻璃。继"礼炮6"号之后，在 1982 年发射入轨的"礼炮 7"号航天站上，又进行了合金、金属、半导体、电子材料、光学材料、陶瓷等数百项科学研究与实验，其目的是为建立空间工厂作准备。

"和平"号航天站上已经建立了技术实验室和生产车间，具备一定生产能力，可以说已经初具空间工厂的性质。专家们已经采用回收舱，从"和平"号航天站将太空产品运回地球。这种回收舱长 1.4 米，内部容积 120 升，每次可将重 150 千克的实验样品或生产好的材料送回地面。回收舱通常装在"进步"号货运飞船上。当"进步"号与"和平"号分离并再入大气层时，回收舱从离地 110 ~ 130 千米的高度上被释放出来并借助降落伞返回地面。空间技术试验必然要向空间工厂过渡，在空间进行大规模工业生产已为期不远了。

空间工厂是怎样的场所呢？普遍认为航天站和空间平台是建立空间工厂的理想场地。第一，这两种航天器是可以在轨道上组装、调试和运行的大型空间结构，就像组合家具一样，尺寸可以任意伸缩，能在上面安装大型设备，开展大批量生产。第二，它们均能在轨道接受来自地面，或其他航天运输器的服务，如维修、回收产品等，因而能长期高产、稳产。航天站是配备高级生命保障系统的长期载人航天器，主要用于复杂的空间生产和科学技术实验，也可以说是用来探索和掌握空间技术试验和生产的工艺过程，一旦取得结果，便可转入到空间平台进行自动化生产。空间平台则是由人短期照料的无人航天器，适于大批量自动化生产。总的来说，空间产业的开发，必然要经过有人操作到无人操作的转变过程。载人航天器飞行的费用是昂贵的，但掌握规律是必需的，因此空间产业的开发离不开它。有的空间产品生产，还不能有人在场，例如生产产品过程有毒。但是，在生产设备安装调试时要人照料，或产品生产好后要有人去装运。

对于太空工厂的建设与发展，国外，包括美国和俄罗斯在内，是要建立航天站及其共轨空间平台、异轨空间平台、轨道间飞行器等组成的航天复合系统。他们认为，航天站是系统的核心，它的周围可运行多个专业化生产空间平台，如砷化镓生产、特种合金生产等。核心站是服务基地，为周围平台提供各种服务；平台则是自动进行工业化生产的基地。

空间技术在地球资源勘测的应用

在人类面临的众多问题中，最重要的莫过于食物、环境和能源问题。这些问题只有依靠科学技术的进步才能获得解决。在这方面，从空间研究地球的前景十分诱人。目前已经从空间航天器获得大量信息，用于促进生产力的发展和环境的监督与保护。例如这些信息广泛用于地质、测绘、农业、森林、水资源管理、捕鱼、海洋地图、土壤改良以及城市规划。人们已经认识到，利用空间技术进行地球自然资源研究和环境的监督与保护，对人类社会有着极端重要的作用。

在地球自然资源的研究上，应该指出目前来自空间的地球照片的一半为地质学家所用。因为从空间获得的地球遥感图像照片具有宏观特性，专家们常常利用图像上显示出来的色调、水系、地形形态和阴影以及由它们组合的花纹等标志进行分析和研究，去识别它们的分布关系和规律，从中寻找地下宝藏所在部位和地质现象（如蚀变带等）。这就大大补充了常规地质方法得不到的地质现象。这种照片还能使专家们确定地壳裂缝集中的区域、带矿熔岩沉淀的期间，使用常规技术的地质队要发现并弄清其成因，则要花上几十年时间。

空间获得的地球图像是它的外貌的缩影，地球上许多地质构造和岩浆活动现象是通过地貌显示出来的。地球上矿产分布也是有规律的，这种规律与成矿的地质条件有关，在空间地球图像上恰恰能显示出这种成矿地质条件的规律，这样就可利用空间地球图像来寻找矿产资源的分布。例如，美国在内华达州戈尔德菲尔德矿区，岩浆热液侵入围岩所发生的化学反应，在地壳上形成不同的颜色蚀变带。从卫星比值图像上形成的不同色调或彩色的环状条带上，可发现褐铁矿蚀变带呈绿色或褐色。利用这种彩色，在区域中寻找到了相似的地区，成为有希望的找矿地段。又例如法国在尼日利亚发现一些南北向的线性裂隙控制着铀矿。根据这一线索，从卫星图像上铀矿所在盆地的北部，也发现了南北向线性裂隙，经过普查，果然有铀矿。

利用空间地球图像显示出来的微小地形变化和水系的组合形式，还可以推测出一些储油构造。如美国在科罗拉多西北部莫法特岛和桑恩堡地区利用坚硬的砂岩山岭圈定出储油的背斜构造。利用放射状水系图式和"环抱"的河流分布，研究出皮塞昂士溪气田是一个封闭的背斜构造。还用卫星地球图像上不同的标志和油气田之间的关系，直接评价油田，大大加快了石油普查和勘探的速度。在苏联，利用地球资源卫星的遥感图像照片也帮助发现了位于里海附近的含天然气区域，弄清了西伯利亚的石油储量以及北部西伯利亚、远东和雅库特等地区的矿床资源，还有将近 100 个颇有商业前景的大范围矿泉藏量也被发现。

从空间地球图像上分析地球的断层，要比常规填图方法去测绘优越得多。它不但能核实断层，而且还能发现一些未被发现的断层或隐伏的线性断层。地球上许多断层是岩浆的通道，它可以直接控制某些矿床。所以人们用解释地球图像得到的许多线性断层交叉部位或密集部位，去寻找岩浆矿床，这就大大缩短了野外勘察的时间，而且也节约了人力物力。目前许多国家利用这种方法来寻找铀矿、多金属和铁矿，收到不同程度的效果。

地表以下的隐伏地质体，埋藏深度在地表以下几米到几千米，一般不易发现。可是利用空间地球遥感图像寻找隐伏的地质体就比较容易。它主要通过生物地球化学、土壤以及植被的光谱特性差异，从显示在图像上的花纹标志去识别。例如，一个地区含有隐伏的铜体，铜对植被有毒害，往往会使植物的叶发黄、形成畸变以致枯死。不同的含铜量，植被中毒程度也不同，这种现象会在卫星地球图像上清楚地显示出来，从而间接地绘出隐伏地质体和矿化的部位。空间地球图像主要反映地表信息，如果用物探资料航磁、重力等结合地质理论和图像的解释进行综合分析，专家们不但能用空间地球图像观察地表现象和隐伏的地质体，也能用物探资料引证和推测地壳部的地质现象，从而达到比较正确的判别地质体和成矿部位的目的。

地质图是地质找矿中的基础图件，地质填图则是区域找矿中的基本方法之一。如果有一张比较精确的地质图，对寻找矿床会有很大帮助。现在有些国家利用地球图像显示的不同色调、水系、地形形态和花纹特征编制全国地质图，有的还利用空间技术专门发展一个系统用于研究地球资源。空间技术使人类对地球资源的研究走上了新台阶。

不仅仅是地质学家需要从外层空间拍摄的地球资源照片，农学家、森林学家也需要大量地球照片，因为这些照片可以帮助监视土地和植被覆盖状况，使得有可能解决很多农场、森林和环境的保护问题。通过对空间拍摄的地球照片研究，专家们能确定植物种类、区别病害植物，评估牧场和谷物区生长状况，并发现旱灾、水灾、火灾对庄稼的影响。这些照片上载有土壤温度、湿度、力学构造和含盐量信息，因此能帮助找到适于耕种的区域。使用不同光谱的感光胶卷，从空间可拍摄到森林资源的精确照片，绘制森林分布图，确定枯木林、木材林、沼泽地和草原区的面积，这对制定林业计划、水土保持、调整水文过程、保持稳定的雨量，以及影响小气候，都是很重要的。

美国在苏福尔斯建立了一座最好的直接接收陆地卫星照片的地面站。该站从接收卫星照片到加工判读都是流水作业，并将收得的数据用计算机加以处理之后，予以分类，按照不同用户需要及时地分送到用户手中。

空间新材料技术试验的成就

首先，空间技术试验表明，在失重或微重力条件下的半导体晶体生产有很好的前景。在地球上用溶液或沉淀蒸发增长方法来生产晶体，都会受到地心引力对增长过程的干扰。而在空间没有重力生产时，半导体材料中有着更均匀的成分和渗进物分布，有可能获得实际上无尺寸限制的晶体。今天还很难预测它将对电子工业产生何种巨大影响。不过，在"礼炮7"号航天站上安装的第一个半商业性半导体晶体生产炉，就生产了若干千克纯半导体。在地面，要么是不可能进行这种生产，要么是成本受不了。苏联一年消费半导体晶体只有数百克，这就意味着使用空间技术有可能满足电子工业的需要。1990年6月，"和平"号航天站新增加的"晶体"舱，内有5个新型半导体炉，只用7个月就生产了价值1000万美元的空间半导体材料。失重状态也导致冶金过程物相成分、尺寸、杂质及晶体形式的实质性变化，并显著改善材料的特性。例如，在试验由空间"合金"装置生产的超导铌锡合金样品时，发现一层在地球上制造的样品铌锡合金 Nb_3Sn 是分解的。由空间生产 Nb_3Sn 制成的导线有可能显著提高电流密度临界值，电流密度达每平方厘米6000安培或更高，临界磁场值达8.8特斯拉。70年代末发射的"礼炮6"号航天站，在4年又10个月的空间飞行期间，成功地制取了铝镁、钼镓、铝钨、铜铟、锑铟等多种合金，制造出红外辐射探测器用的碲镉汞半导体材料。

在空间，将不同特性和密度的物质混合是可能的。带有泡沫塑料的金属可以用任何材料形成，因此可以利用空间无重力条件生产泡沫塑料钢。它是钢，可又是如此之轻，可以浮在水面。这种材料有巨大的经济价值，可用于运输系统。

实验并研究在空间"合金"和"晶体"装置上生产玻璃类物质表明，磷酸盐、硼酸盐—铅氟绿柱石以及其他空间生产的玻璃样品，也同样具有区别于地球生产的更好的特性。在某些情况下，样品的结构得到改善，次品密度下降，透明度增加。在空间已经生产出用于光纤通信的特殊性质的玻璃。在地球上是不能生产出这种玻璃的，因为即使是超纯度材料熔化，也会通过容器壁接触而受到污染。在空间无重力状态下，由于表面张力的影响，熔化后将形成一个球而不会扩展出去。

知识点

空间技术的两面性

优点：一个国家空间技术的成就，最能体现其科学技术的水平，是衡量其科技实力的重要标志；对一个国家的实力和进步起到意想不到的战略性作用；在经济上能产生很高的经济和社会效益；在军事上最能显示一个国家的军事实力，一个国家只要占有空间优势，就掌握了军事战略上的主动权；在政治上对提高一个国家在国际活动中的地位影响深远，一项重大空间成就，往往成为国际谈判的重大筹码。

弊端：耗资巨大；一旦出现事故基本无法挽回；空间技术转为军用，恶化了世界安全形势；制造出大量太空垃圾。

展望航天未来
ZHANWANG HANGTIAN WEILAI

随着人类航天科技的发展，人类开始把目光放得更远，开始了空间探索阶段。月球是地球的唯一的天然卫星，自然成为空间探测的第一个目标。空间探测器实现了对月球和行星的逼近观测和直接取样探测，开创了人类探索太阳系内天体的新阶段。而自从美国人首次登陆月球以来，人类就对开发月球进行了设想，同时还制定了建立月球基地的计划。

与此同时，人类对太阳系的其他行星的探索也在同步进行，美国人已经制定了登陆火星的计划，俄罗斯的火星计划也已经出台。

开发月球的设想

经过40多年的空间探索，齐奥尔科夫斯基的预言得到了证实："人类不会永远停留在地球。"为了把人类的活动舞台扩展到其他星球，为了利用空间并造福人类，月球必然是人类注目的第一个星球，研究、开发月球对人类有很多好处。

月球上有丰富的矿产。航天员登月时，已经发现月球上有极大储量的钛及其他矿产。利用月球矿产，可以非常便宜地制造航天飞行器硬件，而且从月球发射物体要比从地球发射容易许多，因为月球引力远比地球引力小，又无空气，航天器射离月球无须克服空气阻力。例如，从月球发射一个高度近地轨道的有效载荷所需总能量比在地球上发射同样重量所需能量小 20 ~ 30 倍；又如航天飞机的载荷只占整个发射重量的 1.5%，如果用同样的运载工具从月球发射，其有效载荷可占总发射质量的 50%。一旦月球获得开发，月球能作为人类飞往其他行星的理想基地。

若在太阳系内建立大型太空站，或太空居民点，开发月球资源以供需求是最经济的途径。有许多人预言，去太空居住和生产是人类活动的下一个主要领域。当太空侨居区出现时，不可能再依赖地球上的经济支持和物资供应，而必须建造空间生产基地，利用地球以外资源发展工业。月球是提供这种资源的宝库。

自从美国"阿波罗"登月计划完成之后，经过 30 多年的沉寂，人们又在热烈谈论开发月球的事情了，很多科学家还提出建立月球基地的建议。1989 年 7 月，美国时任总统布什还曾宣布要把月球作为人类飞往火星的基地，并打算于 2005 年正式破土动工。看来，在未来几十年内，开发月球、建立月球基地是势在必行和一定要做的事了。

空间技术的迅速发展，导致人类外空活动的日益扩大，已经把建造大型航天站、太阳能电站、太空工厂和空间居民点的任务放到了科学家的面前。但是，要实现这些目标，需要大批原材料，如果从地球向宇宙空间运送，费用非常昂贵，终非长久之计。因此，寻找地球外的材料来源，例如从月球和小行星获取材料，以及降低它们的运输费用，就成为发展空间工业生产，建造航天站和太空居民点的关键。

远在"阿波罗"飞船登月的历次航行中，航天员曾从月球带回许多月球岩石样品和尘土。经过分析表明，它们主要由 40% 的氧、30% 的硅和 20% ~ 30% 的各种金属元素如铝、钛、锰、铁等组成。金属元素经加工后的基本构件可用于制造各大型航天站；硅是玻璃、陶瓷与半导体的基本材料，可用于制造光学和电子元件；氧则供给居民需要。因此，月球确实是地球之外的资源宝库与材料来源。月球的低重力环境又为低成本运送月球材料到宇空间提供了保证。月球上的重力仅仅是地球重力的 1/6，把材料运往空间所需的脱离速度很小，只有 2.31 千米/秒。再加上月球上无空气，不存在空气阻力，所以从月球射离物体比地球射离容易许多。这就是科学家们提出开发月球，建立月球基地的主要需求背景。

　　人类要开发月球并从其上获取丰富的资源，还得先建造月球基地；作为先导，很可能不是直接建造为开发资源的月球基地，而是建造月球宇航基地，用以向宇宙空间射离物体以及为人类飞往火星作准备。建设这些基地的材料何处来？如果是从地球运来，其代价是非常高的。

　　科学家提出，在月球上建造一个宇航循环基地需1000吨水泥、330吨水和3600吨钢筋，若将这些材料从地面运往月球，每吨需耗资5000万美元，显然太昂贵了。材料学家对月球岩样进行分析和试验后认为，只要把氢带上月球就可把月球上的岩石变为最理想的建筑材料。月球表面钛铁含量极为丰富，这些矿物被加热至800摄氏度后与氢结合会产生铁、钛、氧气和蒸汽。在此过程中产生人类生存所必需的水和氧气。月球岩石可精炼成轻型和坚固的水泥，剩下的铁矿可用来冶炼钢筋。这种月球岩石同其他小行星的组成物质相似，已经在茫茫宇宙中存在了许多亿年，不但能抵挡太阳射线对其粒子的辐射，还能经受极大的温差考验。材料科学家利用航天员带回地面的月球岩石样品制成了一块目前世界上无法同它相比的最强硬、最坚固、最富弹性的混凝土。

　　这种混凝土是唯一能在气候异常的月球屹立的建筑材料。在月球上生产每千克这种品质的混凝土只需氢3克，而且只要具有总重量约200吨的机械钻探设备就可投入月球物质的挖掘。化学科学家设计了许多从月球岩土中提取纯净元素的方案，包括利用太阳能加热月球物质的物理分离法以及利用氢氟酸之类的试剂从氧化物中取得氧、硅和金属的化学分离法，每个加工厂设计得能循环使用试剂和废料的齐全生产单位。一个只有1吨重的小小的试验性化工厂，每年可将十几吨月球物质加工成氧、金属和玻璃。因此，科学家认为，建设月球基地的基本材料不必从地球运去，可以就地取材。待月球基地建成后，可以大规模开发月球，建造月球工厂，并把大批材料通过宇航基地射离月球，输往地球轨道和太阳系空间，用以建造各种大规模航天站，并为太空工业提供原料，为太空居民城镇建设供应建材。

　　月球上的尘土确实非常有用，用它还可烧制房屋的砖、瓦和管道；利用尘土覆盖航天员居住点和月球实验室，可使他们免受宇宙射线、太阳耀斑的侵害，近2米厚的月球尘土可使航天员获得与地球相同的对宇宙射线的防护机制。开发月球，建设月球基地不仅是可能的，而且是人类在地球外开拓疆域必然要做的一项工作。

开发月球还能使它成为人类未来从事科学研究的前哨阵地。在那里，科学家不仅能够直接研究月球的种种特性及其演化过程，而且也可能是唯一揭开地球早期史奥秘的地方。例如，研究它的矿物构造过程，可以和地球比较。利用月球无空气、低重力、自转速度慢和环境幽静的特点，有可能在物理学、化学、生物学和其他科学方面进行唯一性实验；在月球上进行天文学与天体物理的研究比在地球更具优越性。对人类社会来说，开发月球会使它显得日益重要起来。

从天文学角度考虑，地球日益严重的污染，影响天文观测。月球背面提供了最佳天文观测位置，因为那里总是背离地球，可以完全隔开上述干扰。在月球上还可以进行月球和行星科学、天文学、物理学、化学、生命科学等种种科学研究。

综上所述，研究月球对人类的未来有重大意义。当然，要在月球创建居住地和基地，还有许多问题和困难需要解决，并且要大量投资。但开创空间时代30余年的成功使人们确信，月球注定会成为人类活动的场所，随着空间技术的改进以及在空间制造硬件便宜，投资也不会太大；如果进行国际合作，每个国家分担的费用更不会高。有科学家预言，在未来1~2个世纪，月球基地必将成为人类生存和发展的新疆域。

建立月球基地的计划

虽然月球物质驱动器和空间轨道间运输飞船两项关键技术还在努力解决之中，科学家们却已经在拟定月球基地的发展计划了。

早在1979年，为了对各国在月球和其他天体上的活动进行组织和管理，12月18日联合国通过了月球条约。

1987年10月在国际宇航科学院的会议上，来自50多个国家的近1000名科学家和工程师联名提议建造国际月球基地。提议中的建造计划大致分四个阶段。

第一阶段的目标：在2001年前建造一个载人月球轨道航天站。到目前为止，人类已经先后建立过若干地球轨道上的航天站，例如"和平"号航天站。

第二阶段目标：在2010年前在月球建立研究实验室，其中在2003～2005年，由6名航天员首批登月，组成基地站；2006～2010年，基地人员增至30人，建成研究实验室。

第三阶段目标：发展主要生产设备，并为每年向地球同步轨道和其他地方输出10万吨产品而继续扩大有关设施。这可能要一段相当长的历史时期。

第四阶段目标：到21世纪末建成具有高度生产能力的月球基地。

此外，科学家的联名提议，还要求建立相应的国际月球基地开发机构。它的主要作用应包括诸如召开规划会议，讨论建造月球基地的政策和法律等等有关问题。当这样的国际月球基地开始建造并变成现实时，可能会出现一些全新的问题。例如国家的意义、国家的边界和人类之间的相互关系，有可能需要重新探索和认识，或者说，至少会赋以新的含义和内容。

科学家们建议的国际月球基地，其最终目标是拥有高度生产能力，显然是一座月球城镇，离我们还相当远。而第二阶段目标已经就在眼前，规模不会很大，科学家们也研究得比较具体。他们认为，早期的月球基地应包括一个检测月球物质、监测基地成员健康状况和生活食品的试验舱，一个生活舱，一个不加压的储藏舱，一个加工月球物质的小小化工厂，一个带观测室和气闸门的连接舱，以便出入月球表面，两辆月球运输车。这种基地的成员可包括：指令长、机械师、机械技师、医生、地质学家、化学家和生物学家。基地成员每两个月轮换一次。每次通过在低月球轨道上会合的轨道间运输飞船和月球游览车交换3～4个基地工作人员。

在这之后，人类将可利用小小化工厂生产的产品和建筑材料，在月球上建造固定的、坚固的宇航基地，为今后把开发出来的月球物质送往空间各用户和为人类飞往火星做出发地。

知识点

美国利用核反应堆供能的方案

2009年，英国《新科学家》杂志公布了美国宇航局未来重返月球计划中，建造月球基地的部分设计方案，其中一项就是利用核反应堆供能的方案。

在月球上的漫漫长夜，可利用核反应堆供能，如果居留地不是位于极地，月球之夜最长可持续大约 14 天。这些反应堆的功率为 40 千瓦，大约足以供 30 家普通美国家庭使用。反应堆上方的黑色面板是散热器，可用来疏散过剩的热量。为了防止宇航员受到反应堆伤害，这些东西都距离居留地有一段距离，而且周围被成袋的月球土包围。其他设计方案要求把核反应堆埋在月球地下。

向太空要电能

煤作为主要能源曾在工业革命中起过主要作用；而作为能源的石油是和 20 世纪的种种产业成就联系在一起的。可是，随着世界经济的发展，电力消耗日益增快，能源不足的矛盾相当突出。另一方面，更进一步和过分使用煤和石油还可能导致地球自然环境的破坏；更大规模发展核电站又担心会构成对人类生命安全的威胁。于是很多科学家不约而同地想到了利用太阳能。

确实，如能利用太阳能作能源，可以避免上述种种矛盾和担心。太阳能真是取之不尽，用之不竭，亿万年来无私地奉献给了宇宙，也为人类送来了光明和温暖。太阳把辐射到宇宙空间能量的大约 1/20 亿穿过 15000 万千米的路程投射到地球上。这能量相当于 173 万亿千瓦的功率，或者说约等于每秒钟把 550 吨原煤的能量输送给地球。但是，太阳能的散射面很宽，特别是经过地球大气层时，大部分能量被大气层反射、散射或吸收掉了。在宇宙空间，由于太阳光线不会被大气减弱，也不会被大气阻拦，可以直接受到太阳光的照射，因此在那里建造一个太阳能电站，是个好主意，好想法。

空间太阳能电站，作为人造天体，在绕地球运行过程中，总有一部分时间被地球挡住阳光，也就是说要进入地球的阴影部分。不过，这时间并不长。如果太阳能电站的轨道选择得好，可以使这时间变得很短。例如，太阳能电站若处在赤道上空 35860 千米的同步轨道上，它绕地球一周的时间为 23 小 56 分 4 秒，与地球自转周期相同，则太阳能电站对地来说是静止的，一年中仅在春分和秋分前后 45 天，而且每天至多只有 72 分钟被地球挡住阳光的时候，在其余时间内，电站的大面积电池帆板可以受到太阳光的连续照射而把光转变为电。和地面相比，用同样面积的太阳能电池帆板，在同步轨道可多获6~11倍的太阳能。如果把空间太阳能电站建设在圆形日心轨道上，那就不再怕地球挡住阳光，并可获更多的太阳能。怎样把太阳能电站的电能传送给空间工业用户和地球，是建设空间太阳能电站的关键问题。早在1968年，科学家就设想，在宇宙空间的太阳能电站，聚集大量阳光，利用光电转换产生直流电，并通过相应的装置将直流电变换成微波，以微波波束的形式传输到太空用户或者传输到地球上，用户接收站又将微波能量再转换成相应的电能，联入用户供电网络。由于微波能顺利通过云雾和烟等，每天向地球输电时间不受任何限制。而在空间没有重力并且真空，太阳电池帆板可以做得很大，微波器件无需严格密封，而微波电能的定向发射和接收对环境危害较小。虽然微波的放射性也是一种污染，但和煤与石油对大气的污染，以及和核电站可能产生的放射性等类污染相比，几乎可以说是微不足道的。空间太阳能电站的优势还在于它不必使用用煤、石油等不可更新的自然资源。

1987年，加拿大科学家在渥太华进行了第一次利用微波作飞行动力的微波波束传送电能试验。他们用碟型天线传输微波波束。在试验中，发现在波束的聚焦、目标的跟踪方面存在一定的困难。

日本京都大学的科学家们也进行了类似的试验。不过，他们对加拿大的微波波束传输技术作了改进，采用相控阵天线技术。利用相控阵天线传送微波波束，聚焦精确，跟踪目标快速，利于实现计算机控制。

美国空间太阳能电站

日本人试验的是一种无机载动力源、长度为1.6米的模型飞机。飞机上既无机载汽油，也无电池，而是靠接收地面的微波能量作为动力，收到的微波能量被转换成电力，驱动飞机螺旋桨转动，获得飞行动力。这一试验的目的，不是想研究开发一种不带燃料箱的飞机，而是试验微波传能技术，用于未来空间太阳能电站的电力传送。如果这种模型飞机传能试验进展顺利，日本的科学家计划在 1993 年把试验搬到高度为 220 千米的人造卫星上进行，利用相控阵天线及发射机给同时发射升空的另一颗人造卫星传送微波能量。

科学家们预测，不需很久，能产生动力的空间太阳能电站作为实用能源工厂，将为空间工厂提供电力，或者为轨道上的载人飞船和航天站提供能源。再进一步的发展，将会把电力送往地球。

据科学家分析，空间太阳能电站的经济最佳容量是 5 ~ 10 兆瓦，悬挂于地球赤道上空 36000 千米高度的对地静止电站的质量为 5 万 ~ 10 万吨。

最初步的估算表明，空间太阳能电站每产生 1 千瓦电量的造价会比核电站同样功率的造价高出 50% ~ 100%。比水电站高出 100% ~ 150%，比热电站高 300% ~ 500%。但是，由于使用甚高频微波辐射传输到地球，微波能量实际上不会被大气所吸收，地面接收站接收到的微波能量转变为电能供给用户，其转换效率可高达 90%；更由于空间太阳能电站不耗地球资源，因此工作约 5 ~ 7 年后，其利润将比热电站和核电站高。

建造空间太阳能电站的另一个关键问题是运输。计算表明，在 5 年内回收这样一个电站的建设费用，它每千克重量的成本不应超过 150 ~ 200 美元。此外，运载火箭应有非常大的推力，一次能将 500 吨的有效载荷送入轨道。在这样的情况下，总计只需 100 ~ 200 次的发射就可以了，所有货物在 3 ~ 5 年内运输到位。

到目前为止，还没有这种大推力运载火箭能一次将 500 吨的有效载荷直接送入同步轨道。现有最大推力的运载火箭也只能将 200 多吨的有效载荷送入地球近地空间。因此，要在 3 ~ 5 年内将空间太阳能电站的建设材料运送到位，还必须研制这种大推力火箭。

所以，怎样大规模开发与利用空间太阳能，还处在设想阶段，还需要若干年才能实现。

科学家们相信，动手建立一个具有发电容量为 15 万千瓦的空间太阳能原型电站的计划是可行的。在这之后，就可能建造巨大的电站。随着时间推移，太空太阳能电站还应能帮助解决行星的电力供应。

知识点

空间太阳能电站的首次提出

当今社会，能源问题已经成为困扰人类社会进步和发展的重大课题。自从 20 世纪 70 年代发生能源危机以来，人类开始探寻新的清洁、安全可靠的可持续能源系统。1968 年，美国彼得·格拉赛博士首次提出了空间太阳能电站（SPS）的概念。其主要包括三部分：太阳能发电装置将太阳能转化成为电能；能量转换装置将电能转换成微波或激光等形式，向地面发送能束；地面接收系统接收空间发射来的能束，再将其转换成为电能。

太空城镇的构思

伴随着空间工厂的生产，太阳能电站的建造，月球和小行星的开发以及其他形形色色的大规模空间活动的发展，必然有越来越多的人到宇宙空间去工作、生活。因此，需要建造一种适于人类在宇宙空间居住的场所，即太空中居民的定居区或城镇。

为了使未来的太空居民能够像地球上那样长期工作和生活，太空城镇一方面应具有防护外部宇宙射线以及微流星袭击的设施；另一方面也要创造类似于地球上的重力、大气、日照与昼夜变化等环境，必须有充足的水、食物和能源，必须设置住宅、街道、公园、学校、农场等区域，用以保证居民的生活需要。

经过一些年的设想和构思、讨论，科学家们提出了五花八门，各具一格的空间城镇建设方案。美国科学家格拉尔得·凯·奥耐尔提出的在今后一些年内营建巨型太空殖民地方案，具有代表性。此方案听起来，既有科学幻想的成分，更具有现实性的味道。太空居民点的建设是绝对必要和可能的，然而，是否就是这位科学家设想的这样，今后的太空实践会给出正确回答。

他提出的这个太空殖民地将是一个巨大的圆柱形地球轨道站，其长度为3~30 千米，直径达 1~6 千米。设想，这样一个空间结构能够容纳20 万~2000 万人。这个圆柱体不断旋转着并且在外壳内壁产生人造重力。在圆柱体内不仅有供人居住和办公的房子，而且还有山丘、森林、湖泊及河流。美国科学家相信，这种计划方案是可行的。苏联的科学家对这个巨大的空间殖民地构造方案发表评论说，他们没有询问美国科学家的计算技术，但是相信美国人的技术和力量，相信这种计划是可行的，可以看做是太空居民城镇的一种可能的解决方案。

不论太空城镇将会按何种方案、布局建造，一定会伴随太空工业的兴起同时建设；开始规模也许较小，随着空间工业规模不断扩大，居民区也同时会发展。

由于外层空间存在大量的资源，随着月球和小行星的开发，空间会出现大批工业产业，人类依赖地球资源的程度下降，建设大规模太空城镇将不是现在人们想象的那么玄乎。

火星是一颗最富传奇色彩的行星，也是多少年来人们经常联想到地球以外可能具有生命的行星。火星上是否有过生命形态存在，科学家们争论了好多年。考虑到火星上有生命存在的可能性也有一些理由。火星上有稀薄的大气、少量的水，它的温度时常升到冰点以上。

为了拨开人们对火星认识上的迷雾，美国和苏联都多次发射火星探测飞船，拍了很多照片，分析了大气，化验了火星土壤。可是迷雾层层，拨开一层又出一层，并没有足够的证据回答火星上到底有没有生命存在过。

例如，除陨石坑、火山环形山和裂隙外，"水手9"号飞船还观测到类似于干枯河床、峡谷和沙丘的外表特征，有人坚持说某些河床和峡谷仅仅由流动的水才可能形成。虽然目前火星上不可能存在液态水，但可以有大量的冰潜藏在火星表面下，或许几百万年以前的条件与今十分不同。有人提出说类似地球上的冰河和间冰河期的长期气候变化可能使极冠冰周期性地全部蒸发。这将提高大气中水汽和二氧化碳的压强。这样的大气会更像地球大气，液态水能够存在甚至还能形成雨，以至产生了所观察到的河床。"水手9"号也发现火星极冠区有时是明带有时又是暗带，这就增强了周期性气候变化的假设的可信性。这些带被解释为处于交替的冰河和间冰河期内的不同表面层。按照这样解释，火星现在处于冰河期，这时大部分二氧化碳和水仍然冻结在极冠处。但在间冰河期火星较暖，大气较密，表面也湿润。这些设想提高了对火星上存在生物可能性的关注。

由过去的资料看，火星具有太阳系内，除地球外，最少有害于生物生活的条件。有些预言已由"海盗"号探测飞船的探测所证实。轨道飞行器拍摄的照片，分辨率在 100～1000 米，照片上确有很多类似河床的外形，表示火星早期历史上有几次洪水。但也可作另一种解释，过去曾有巨大的冰川覆盖着火星大部分地区。冰川流过障碍物也能产生类似河床的外形特征。

但是，"海盗"号飞船的轨道飞行器和着陆舱进行过 12 次试验，每次都直接或间接与生命研究有关。在分子分析实验中，把火星土壤的两个标本加热到 500 摄氏度，烧掉了任何含碳的有机分子。然后对气化后的物质作化学分析，证明火星上存在任何由碳构成的生物是极不可能的。这个结果曾使很多人失望。苏联的科学家对此也有不同看法，认为火星土壤取的是两个火星偶然点，而且试验方法不完善，要下结论否认火星上有生命存在的可能性为时过早。

人类对火星的探测，取得很多资料信息和成果，包括它的地形、地貌、土壤成分、大气构成和确实存在水等；然而火星上到底是否存在或存在过生命形态，还处在迷雾之中，而这正是人们最关注的事情。它继续吸引着科学家的关注并激起人们的幻想。如果人类能亲临火星登陆考察，可以直接解开火星是否有生命形态存在的的奥秘，那时科学家之间有关此事的争论才会结束。

科学家估计，到 21 世纪 30 年代，可望实现航天员在火星登陆，这将把航天科学推上新的高度，是一个重大里程碑。这是一个多么美丽和光彩夺目的事业，正等待着青少年朋友们去创造。

人类飞往火星的条件

美国和苏联早在 20 多年前就用深空探测飞船对火星表面实现了软着陆。按理，下一步应是人类登陆火星考察，可是为什么至今不去登陆呢？

专家们认为，按照人类目前掌握的航天技术，已完全可以飞往火星。现在不进行这种飞行的原因有两个。

首先，失重对人体的生理影响是主要障碍。由于引力减少，人体内的心血系统、肌肉组织和骨骼中化学成分都会受到影响。在地球上，人类的心脏习惯于克服重力把血液输送到全身各处，而在失重状态下，心脏不必费力地工作；同样道理，肌肉在太空工作时所付出的代价也大大低于地球上从事同样的劳动；另外一些研究表明，人在太空飞行时，组成骨骼的主要矿物质——钙会逐渐减少。研究报告指出，在太空飞行一个月，人体骨骼中钙质要减少0.5%。若飞行时间短，航天员上述生理障碍还比较容易克服，如在飞行中多吃些含钙的丰富食品，加大肌肉锻炼量等，回到地球后再辅以多种仪器和药物治疗，生理机能就可能逐渐恢复。然而，要在太空进行几年的长期飞行就困难了。航天医学界人士认为，到目前为止，还未找到很适当的途径来阻止或减少失重对人体的影响。在20世纪80年代，经过20多年的航天飞行经验积累，苏联和美国，特别是苏联，已经制定了在长期飞行中预防失重对人体生理影响的措施，取得了重大进展。航天员季托夫、马纳罗夫甚至曾创造了在太空一次漫游一年的记录。但是，为了人能飞往火星，科学家还得作出更大努力来对付失重对人体的影响。

第二，人类飞往火星，往返一次需2~3年的时间。一个航天员在太空生活和工作，每天要消耗氧气、食物和水大约10千克。目前在近地轨道上的航天站，航天员的给养由航天供应线的"进步"号货运飞船定期输送。当人类飞向火星时，要飞出地球9000万千米，按照现在的补给供应线的供应周期，载人飞船在到达火星前的途中就需要补充给养若干次，而这是不可能的。因此，不再可能利用天地供应线的货运飞船输送补给。同样不人可能的是，航天乘员启程飞往火星时带足乘务组人员2~3年的给养。这里不仅要有氧气和水的循环再生使用系统以供应航天员氧气和水，而且需要成熟的生物生命支持系统来帮助解决飞行期间他们的食品供应问题。

上述两个问题获得解决后，人类飞往火星的时机就成熟了。科学家们相信再经过二三十年科学摸索，人类将会解决这些问题。由此看来，21世纪人类有可能成为火星的外星人。

知识点

火星洞穴

"火星探测轨道飞行器"和"机遇"号火星分别发现火星表面曾有水后，

美国科学家借助"奥德赛"探测器又在火星上发现了七个奇特洞穴。这七个洞穴分布在火星阿尔西亚火山的侧面。洞口宽度在 100 米到 252 米之间。由于洞口基本观测不到洞底，科学家们只能估算出这些洞至少有 80 米到 130 米深。这些洞穴的发现具有重要意义。首先，如果火星上曾有原始生命形式存在，这些洞穴可能是火星上唯一能为生命提供保护的天然结构。其次，如果条件适宜，这些洞穴将来可能作为人类登陆火星之后的居住点。

未来人类飞往火星的工具

根据美、俄两国计划，人类登上火星之前还有二三十年时间，在这段不算短的时间里，科学家们估计，运载技术还会有突破性的进步，这将非常有利于登陆火星计划的顺利实施。

科学家们说，未来的星际火星航行载人复合体的电源和推进系统的类型及其技术特性，将决定整个登陆火星计划的费用以及所需复合体的总重量。这里有几种不同的可能选择。虽然液体推进火箭发动机在美、俄两国的空间技术活动中已经得到最充分的试验。但使用它们会使在地球轨道上的载人复合体具有太大的总质量，可能达 2000 吨，同时还遗留下严重的科学技术问题，包括发射和空间装配以及要在起始轨道长期储存低温燃料。

发展核能推进系统将使得有可能大量减少在起始轨道载人火星飞行复合体的总质量。用核推进系统，复合体重量约 1000 吨，同时火箭速度会得到极大提高。1992 年 1 月 13 日开幕的国际太空核能会议上，俄罗斯科学家说，他们研究核动力推进系统火箭已有几十年历史，取得了重大进展，可望将人类。未来飞往火星的星际旅行时间缩短一半，在当时已经进行了这种火箭的地面点火试验。同一天，美国政府也公布了为实现载人宇宙飞船火星探测飞行而研制的核动力太空火箭的一些情况，人类飞往火星所需来回星际旅行时间，在用液态氢的情况下大约需 500 天，如采用核动力火箭，则可以缩短到 300 天左右。

发展核电推进系统，在起始轨道，火星复合体总质量只有 500 吨，因此，发展核电推进系统是最可取的；而且其未来应用能显著地简化星际运输系统的开发，以帮助扩大在空间活动范围。

太空核电源在人类未来飞向火星的过程中，可能也会扮演重要角色。1987 年发射的苏联两颗专用宇宙号卫星上试验了一种新型太空核反应堆。这种反应堆采用热离子技术，以铀作燃料，重约 5 ~ 10 吨，可产生 10 千瓦电力。其中一个在轨道上工作了 3 年半，另一个工作了 1 年，结束使用后被推入更高的安全轨道。

▶▶知识点

火　星

火星是太阳系由内往外数的第四颗行星，属于类地行星，直径为地球的一半，自转轴倾角、自转周期相近，公转一周则花两倍时间。在西方称其为战神玛尔斯，中国则称其为"荧惑"。橘红色外表是因为地表的赤铁矿（氧化铁）。火星基本上是沙漠行星，地表沙丘、砾石遍布，没有稳定的液态水体。以二氧化碳为主的大气既稀薄又寒冷，沙尘悬浮其中，每年常有尘暴发生。火星两极皆有水冰与干冰组成的极冠，会随着季节消长。

美国登陆火星计划

美国前总统布什在 1989 年 7 月 20 日举行的"阿波罗"飞船登月 20 周年纪念大会上宣布，要把月球作为人类飞往火星的基地，在 21 世纪初叶把人送上火星。因此，美国也有一个人登上火星的三阶段计划。

第一阶段：1992 年 9 月 16 日 ~ 10 月 6 日，用"大力神 3"号运载火箭，发射名为"观察者"的火星飞行器，它以每天 13 圈的运行速度在火星太阳同步轨道上运行，带有 8 种仪器设备，确定火星地形、火星引力场、表面元素和矿物特征、磁场以及大气环流结构；绘制火星的四季气候图，为未来载人和不载人飞行选择着陆区。

第二阶段：要解决火星上是否存在危害人类的有毒物质和敌对生物的问题，确定何处是人类安全着陆地方。计划从 2001 年起发射名为"漫游者"火星机器人取样返回飞行器。在 2001～2011 年，要发射几批机器人，每批 1～2 个。"漫游者"机器人将在 2000 年投入运行的"自由"号国际航天站上发射。

第三阶段：发射载人飞船到火星登陆，有几种实施方案。其中之一，2002 年在月球上建立永久性居住基地作为前哨基地。2015 年发射载 5 名航天员的宇宙飞船到火星，在那里停留 30 天；2018 年再发射一次载人飞船，在火星工作更长时间。

俄罗斯的飞往火星计划

苏联的科学家一直在准备着 21 世纪初人类飞往火星。除了航天技术的发展外，在空间生命科学、航天医学，特别是在对抗失重对人体生理影响方面都取得了卓越成绩，这些都是为了飞往火星这一目标做准备。不仅如此，苏联科学家已经制定出人飞往火星的三阶段研究计划。苏联解体后，俄罗斯继承这个计划并付诸实施，但在进度上有作出某些修改的可能。

第一阶段，1991～1996 年：试验登上火星表面的技术；试验获取火星土壤样品的方法和装置；获取火星土壤化学成分的全球数据和火星表面详细图片、温度和湿度分布、沉积构造厚度、岩床和冰晶层的深度；进行火星磁场和重力调查，为科学选择未来人飞往火星登陆点和保证安全获得全部所需要的信息。

为完成上述任务，要发射一个火星轨道器，它装备有大量的光学设备、光谱仪、质谱仪、雷达和等离子设备及仪器。

在所选的火星表面位置，下降舱带着小型火星面车从卫星中分离出来，下降时又从中分离出一个气球，同时释放出着陆器。气球将在火星大气中离火星表面高度 2～6 千米飞行约 6～10 天（晚上它着陆火星表面），飞行路线将长达几千千米。火星面车装备土壤取样装置、土壤分析仪以及电视摄像机。电视摄像机摄取全景图并用于检查采集火星岩样以提供最佳火星位置的信息是否正确。

第二阶段，1996～2005 年：火星岩样返回地球，以便对它们进行详细的地质化学和生物学分析。

　　为此，同时向火星发射轨道器和下降装置。下降装置带有大型火星面车，它对火星土壤样品初步分析后，将样品藏在容器内，后又自动传送到起飞舱，起飞舱起飞并进入火星轨道，然后和轨道站宇宙飞船对接，容器被送到再入大气层火箭带回地球。火星面车服务寿命达 5 年，它拥有电视综合体，能用不同方法取样，也就是钻取火星表面以下若干米深，从大量岩片中获取样品，用返回振动着陆器采样。

　　第三阶段，2005~2015 年。现在，人飞往火星最可接受的方案，是带有能使航天乘员组直接动态再入大气层的轨道着陆方案。飞行复合体包括：一个火星轨道飞船，为 4~6 名乘务员提供生活和工作条件 18~24 个月；一个登陆飞船，输送 2~3 名航天乘员和设备到火星，能为他们提供生活和工作条件 1 个月；一个再入舱，它具有第二宇宙速度，能从低轨道再入地球大气层；能保证全部星际和轨道的动态运行所必需的电源和推进系统。

知识点

火星旅行模拟测试

　　2010 年 6 月 3 日，3 名俄罗斯人、1 名意大利人、1 名法国人和 1 名中国人将被锁入密闭空间里，进行为期 520 天的火星旅行模拟测试，至少持续至 2011 年 11 月。实验舱面积共计 550 平方米，不过 6 名参与者每个人的"个人空间"仅 3 平方米，试验在位于俄罗斯莫斯科的生物医学问题研究所进行。参与者工作 5 天，休息两天，除非试验需要模拟特殊或紧急事件。本次试验中，参与者的心理和生理数据都将被记录，"与地球的通讯"将只能通过电子邮件进行，并会"不时受干扰中断"，就像真正的火星旅行一样，最高会有 40 分钟的延迟。

不能忘记的航天功臣

BUNENG WANGJI DE HANGTIAN GONGCHEN

从古代的飞天行动到现代人造卫星的发射，从美国、苏联航天竞赛到现代航天领域的高水平竞争，从航天飞船的升空到制定出火星登陆计划，所有这些都离不开为航天事业默默奉献的工作者。回顾一下人类的航天历程，有目共睹的是：航天事业的兴盛有赖科技，而科技的发展则归功于无数科学家的贡献。他们或为航天科技提供理论支持，或把航天理论变为现实。也正是有了他们的工作，人类的航天史才有了一页又一页光辉的篇章。

维纳姆

在航空航天领域，有一个重要的实验设备——风洞。这是一种制造气流的装置，用动力设备驱动一股速度可控的气流，对模型进行空气动力实验，以确定作用于飞机的空气动力并推算飞行性能，进而设计出飞机外形。因此，风洞常被叫做"航空的先行官"。世界上第一座风洞是由英国人维纳姆发明的。在航空史上，他与英国航空之父凯利齐名。

维纳姆，1824 年生于英国伦敦市郊，从小就对机械问题着迷。少年时代，他对螺旋桨产生了极大兴趣，并于 1862 年开始致力于螺旋桨推动轮船和航空器的研究。

我国自主设计跨声速风洞

1866年，世界上第一个航空研究团体——大不列颠航空学会（英国航空学会）成立，标志着重于空气飞行器发展进入一个新时代。维纳姆加入航空学会后，在第一届理事会上当选为理事，负责制定学会章程。他的名望和从事工程研究的背景使他很快成为学会航空学研究与实验的领导人物。他认为学会的首要工作是积累与飞行有关的知识和科学事实，开展基础性的试验研究。为此，1871年，他设计并建造了世界上第一座风洞。这是个四周封闭的矩形框，一端有一架鼓风机，提供试验用的气流。中间的一个支杆上安装试验件，用弹簧秤测量气动升力。这个风洞虽然简单，而且存在不少问题，但它开创了空气动力学试验研究设备的新时代。

➤ 知识点

风洞实验

风洞实验是飞行器研制工作中的一个不可缺少的组成部分。它不仅在航空和航天工程的研究和发展中起着重要作用，随着工业空气动力学的发展，在交通运输、房屋建筑、风能利用和环境保护等部门中也得到越来越广泛的应用。用风洞做实验的依据是运动的相对性原理。实验时，常将模型或实物固定在风洞内，使气体流过模型。这种方法，流动条件容易控制，可重复地、经济地取得实验数据。

菲利普斯

菲利普斯（1845—1912），英国航空先驱者之一。他曾在1880年前后，设计和改进维纳姆式风洞，并于1884年制造成功。风洞的最大特点是将试验气流由直射式改为引射式，并且加了过滤网，从而大大改善了试验气流的均匀性和平衡性。

不过，菲利普斯更大的贡献在于对翼型的研究。他试验过上百种翼型，单弯度、各种双弯度，甚至还有菱形的。通过这些试验，他发现双弯度翼型即使没有迎角也能产生升力。为了检验获得的结论，菲利普斯建造了两个靠蒸汽驱动的大型旋臂机。第一个旋臂机直径约17米，中间靠导轨支承，第二个直径为5.5米。从外表看，旋臂机显得很笨重，但它似乎可以看成是当时最先进的旋臂机，可以自动测量包括试验件的速度、倾角、升力、阻力等数据。

基于试验结果和对高展弦比机翼的偏爱，1893年，菲利普斯设计出一架样子奇特的飞机。它上下排列着50个翼面，左右各对称25个，但是，由于这架飞机的结构十分脆弱，重心也太高，试飞没有成功。菲利普斯的这项工作在当时遭到了许多指责，被认

菲利普斯的奇特飞机

为是走上极端，陷入歧途。但我们必须承认，他对翼型的研究和实验是相当充分的，并获得了大量有价值的试验结果。

乔治·凯利

奥维尔·莱特曾说："我们的成功完全要感谢那位英国绅士乔治·凯利，

他写的有关航空的原理，他出版的著作，可以说毫无错误，实在是科学上最伟大的文献。"西方一些研究空气动力学的专家称乔治·凯利为空气动力学之父。

乔治·凯利于1773年12月27日生于英国的斯卡·波诺撒，在约克和诺丁汉受过教育，但这位好学而具有天分的青年，主要是从一位家庭教师那里，得到了有关自然科学方面的知识。这位家庭教师就是当时著名的数学家乔治·瓦克。

凯利10岁时，听说法国人罗齐尔作了第一次载人气球飞行，便开始对航空产生兴趣和向往。1792年，他使用一种玩具直升机做了一连串试验，这种玩具名叫"中国飞陀螺"。1804年，他写了第一篇有关人类飞行原理的论文。

凯利提出，现代飞机不应模仿鸟类振翼而飞，而应采取固定翼飞机加推进器的模式。在他的论文中详尽地描述了现代飞机的轮廓，为后来的空气动力学奠定了基础。他认为适当的安定性，要在设计翼面时取一点点角度而获得，这就是现代飞机的上反角。机尾必须有垂直和水平的舵面，这同现代飞机完全相同。他认为飞行器必须是流线型的，根据他的计算，如能减少1千克重的阻力，便可在不增加马力的情况下，增加66千克的载重能力。他还讨论过速度与升力的关系、翼负荷、如何减轻飞行器的重量，甚至以内燃机作动力等问题。乔治·凯利把自己设计的现代飞机方案于1799年刻在一个小银盘上。小银盘的一面刻着机翼上各种作用力的说明，另一面刻着飞机草图，这个银盘现藏于伦敦科学博物馆。

但困扰凯利多年的问题就是没有合适的动力，当时的蒸汽机又大又笨重，根本不可能将凯利的飞机送上天空，不得已他转向了载人无动力滑翔的研究。1849年，已届75岁高龄的凯利造了一架三翼滑翔机，一个10岁不知名的男孩乘坐着，从上至下飞行了几码（1码＝0.9144米）的距离，这无疑是人类有史以来第一次载人滑翔机飞行。

1853年，他写了一篇描述无人驾驶滑翔机飞行的文章，送到法国航空学会，题目是《改良型1853年有舵滑翔机》。1971年，一位英国飞行员史泼劳中校，完全依照凯利遗留下来的笔记，造了一架与当年完全一样的滑翔机，飞得十分成功，证明了118年前凯利的设计是如何的成功。

凯利不但对航空有兴趣，他还为大不列颠设计了海军大炮炮弹，在拿破

滑翔机示意图

仑战争时期得到应用。1807 年，由他发明并获专利的热力发动机，为工业界所广泛运用。1825 年，凯利又设计了一种装辐条的车轮用于滑翔机上，这一发明至今仍为自行车所采用。此外，他还发明过自动铁道刹车装置，且在声学、光学、电学以及下水道工程等方面，做出了不少有价值的贡献。

➡➤➤ 知识点

空气动力学

空气动力学是力学的一个分支，它主要研究物体在同气体做相对运动情况下的受力特性、气体流动规律和伴随发生的物理化学变化。它是在流体力学的基础上，随着航空工业和喷气推进技术的发展而成长起来的一个学科。通常所说的空气动力学研究内容是飞机，导弹等飞行器在各种飞行条件下流场中气体的速度、压力和密度等参量的变化规律，飞行器所受的举力和阻力等空气动力及其变化规律，气体介质或气体与飞行器之间所发生的物理化学变化以及传热传质规律等。

齐奥尔科夫斯基

齐奥尔科夫斯基（1857—1935），俄国和苏联科学家，现代航天学和火箭理论的奠基人。1857 年 9 月 5 日生于俄国伊热夫斯科耶镇（今属梁赞州）。童年因病辍学，后来主要靠自学，读完中学和大学数理课程。

1859 年 9 月 17 日，齐奥尔科夫斯基出生于俄罗斯梁赞省一个美丽的村庄，父亲给他取的名字是康斯坦丁。这个家有 7 个孩子，康斯坦丁是老五。对于双亲，康斯坦丁在晚年回忆说："父亲总是那么沉着冷静，在熟人中间，他聪明善辩，而在官僚中间，他以赤色和令人难以容忍的正直闻名。"父亲爱好建筑，曾经带领着几个孩子一起造过楼房和宫殿的模型，还总是不停地告诉几个儿子要多做体力活儿，要自立。母亲则完全是另一种性格，她活泼、热情，急躁的时候就用大嗓门说话，非常能干。康斯坦丁认为，父亲给了他坚强的意志，母亲给了他才华和对事物的热情。

也许任何一个伟大的人物，早期遭受的各种磨难都是他成为伟大人物的必备条件。康斯坦丁由于耳聋与外界断绝了联系，却从此走上了独立思考、善于幻想的道路。在学习书本知识的同时，他通过各种方式对自己掌握的知识进行检验。有一次，他自己做了一个量角器，没有出屋就测量出了与远处的火警望台的距离是 284 米。然后，他又步行进行校验，结果完全正确，这使他对科学的信心倍增，他开始了解到理论知识对实践生活的指导意义。

1877 年秋，齐奥尔科夫斯基通过了乡村中学教师资格考试。4 个月后，他被任命为卡卢加省波罗夫县一个中学的数学教师。在波罗夫县，他租了两间房子住了下来，房东是一个寡妇，有一个女儿叫索科洛娃。齐奥尔科夫斯基自己搞了一个实验室，一边教书，一边开始独立的研究工作。后来他与索科洛娃结了婚。

1881 年，齐奥尔科夫斯基对气体理论进行了大量思考和研究，并完成了一篇论文，送交彼得堡的物理和化学学会。学会的科学家看到齐奥尔科夫斯基的论文后十分惊讶。因为论文的内容和结论完全正确，但这一问题早在 20 多年前就已得到了圆满解决。科学家们没有把这个年轻人看做是骗子或剽窃者。他们认为：这位年轻学者可能与外界缺乏联系，并不知道他的"发现"已经问世多年了。著名科学家门捷列夫给齐奥尔科夫斯基写了一封措辞谨慎的信，对他的工作和成绩表示赞赏，还对他进行鼓励，希望他将来取得更大成果。

1892 年，齐奥尔科夫斯基的研究兴趣转到飞艇上来。他曾发表了多篇有关飞艇的论文，提出了全金属硬式飞艇的设想。这段时间他还研究过飞机，但由于经费不足，实验工作无法开展。这使他认识到，像飞艇或者飞机这类

　　大型的工程问题，靠一个人在业余时间里摸索，很难得到有实际意义的成果。因此他觉得还是应当做一些理论研究工作。这时，他开始把主要精力投入到太空飞行研究上。

　　1882 年，他在自学过程中掌握了牛顿第三定律。这个看似简单的作用与反作用原理突然使他豁然开朗。他在 3 月 28 日的日记中写道："如果在一只充满高压气体的桶的一端开一个口，气体就会通过这个小口喷射出来，并给桶产生反作用力，使桶沿相反的方向运动。"这段话就是对火箭飞行原理的形象描述。

　　1883 年，齐奥尔科夫斯基在一篇名为《自由空间》的论文中，正式提出利用反作用装置作为太空旅行工具的推进动力，他对这种火箭动力的定性解释是：火箭运动的理论基础是牛顿第三定律和能量守恒定律。这些思想在 1893 年发表的科幻小说《月球上》和 1895 年写的《地月现象和万有引力效应》中得到了进一步发展。1896 年，他开始从理论上研究星际航行的有关问题，进一步明确了只有火箭才能达到这个目的。1897 年，他推导出著名的火箭运动方程式。

　　在这些工作的基础上，齐奥尔科夫斯基于 1898 年完成了航天学经典性的研究论文《利用喷气工具研究宇宙空间》，接着，他又于 1910 年、1911 年、1912 年和 1914 年在《科学报告》上发表了多篇关于火箭理论和太空飞行的论文。这些出色的著作系统地建立起了航天学的理论基础。

　　在对火箭运动理论进行了一番研究之后，齐奥尔科夫斯基又对星际航行问题进行了研究和展望。在 1911 年发表的论文中，他详细地描述了载人宇宙飞船从发射到进入轨道的全过程，内容涉及飞船起飞时的壮观景象，超重和失重对宇航员的影响，失重状态下物体的奇异表现，不同的高度看地球的迷人景观、天空的景色等。人们读起他的著作来有如亲身体验宇宙飞船登天的感觉。

　　1935 年 9 月 19 日，齐奥尔科夫斯基逝世于卡卢加，享年 78 岁。他晚年已获得了许多荣誉。逝世后，苏联政府给予了他更多的荣誉：1954 年，苏联科学院设立了齐奥尔科夫斯基金质奖章；政府为他建立了纪念像，并在卡卢加市建立了齐奥尔科夫斯基博物馆。他被誉为"俄罗斯航天之父"、世界上最伟大的航天先驱者。

今天，在航天界仍然流行着一句名言，这是齐奥尔科夫斯基在给《航空评论》杂志的信中写下的："地球是人类的摇篮，但人类不可能永远被束缚在摇篮里。"

▶▶ 知识点

超重和失重

超重是物体对支持物的压力（或对悬绳的拉力）大于物体所受重力的现象。当物体做向上加速运动或向下减速运动时，物体均处于超重状态，即不管物体如何运动，只要具有向上的加速度，物体就处于超重状态。超重现象在发射航天器时更是常见，所有航天器及其中的宇航员在刚开始加速上升的阶段都处于超重状态。

失重是指物体在引力场中自由运动时有质量而不表现重量的一种状态，又称零重力。失重有时泛指零重力和微重力环境。

谢尔盖·科罗廖夫

谢尔盖·科罗廖夫（1906—1966），生于乌克兰的一个教师家庭，早年从事飞机设计工作，20年代结识了齐奥尔科夫斯基，立志于火箭研究。1933年担任了世界第一个国家火箭技术研究所——苏联国立喷气推进研究所副所长，他的学术造诣和组织天才对苏联火箭研制工作起了决定性的作用。

在20世纪50年代后期，苏联的火箭和卫星事业世人皆知，但作为主要负责人的谢尔盖·科罗廖夫却鲜为人知。据传，第一颗人造地球卫星发射成功后，瑞典科学院曾提名卫星设计者获得诺贝尔奖，但当询问设计者是谁时，赫鲁晓夫回答说："是全体苏联人民。"

科罗廖夫传奇的一生，是在坎坷和辛劳中度过的。他以半工半读形式完成中学和高等专科学校的课程。他的聪明能干赢得了著名飞机设计师图波列夫的帮助。他发奋工作，不断深造，很快成为图波列夫的得意助手。

1929年，他拜齐奥尔科夫斯基为师，参与组建火箭喷气推进小组。1932

年成为这个小组的负责人。1933年这个小组与另一个实验室合并，成立喷气科学研究所，科罗廖夫为负责科研的副所长。他的出色工作赢得军队首脑图哈切夫斯基元帅的支持，很快取了火箭研究和试验的许多成果，他还出版了《火箭发动机》和《火箭飞行》等著作。1937年，图哈切夫斯基在肃反运动中以间谍罪被处决，这牵连到科罗廖夫，他被流放到西伯利亚服苦役。后经图波列夫的极力申请，被调到一家监狱工厂从事飞机设计工作。苏联获知希特勒在德国搞导弹的情报后，科罗廖夫被调到另一家监狱工厂，进行军用火箭研究。在卫国战争中，他乐观

谢尔盖·科罗廖夫

和忘我地从事前线所需要的火箭研究工作，常常亲自参加火箭飞机的飞行试验。一次液体火箭发动机爆炸，他被炸得头破血流，而他却庆幸这能使他找到爆炸的真正原因。二战后，科罗廖夫在原有的基础上，并利用V-2的资料，开展火箭研究。1946年8月，他被任命为弹道式导弹总设计师，他不辞劳苦，深入一线协调指挥工作，1947～1953年取得了一连串成果，包括仿制和自行设计的近程、中程、远程和战术导弹的发射成功，地球物理火箭将小狗"莱伊卡"送入高空等等。1957年8月3日，洲际导弹试飞成功，接着于10月4日发射成功第一颗人造地球卫星，成为航天时代的重要标志。1959年9月和10月，"月球2、3"号分别接触月球和拍摄了月背照片。这年年底他又马不停蹄地开始执行金星和火星探测计划。这时科罗廖夫已疾病缠身，医生要他长期休养，但他感到最缺乏的是时间，他决定拼死工作。除星球探测计划外，他还改进和发展洲际导弹，将射程增加到12000～14000千米。

与此同时，他还参与研究载人飞行计划，1961年4月12日，尤里·加加林乘"东方1"号飞船首先进入太空，1963年第一个女航天员捷什科娃进入太空。接着他又为载人空间站作准备，包括载人长期太空飞行、载多人飞行、多艘飞船的轨道会合和编队飞行、太空行走和航天器的轨道对接技术等。可

惜他未能看到"联盟"飞船与"礼炮"号空间站对接，就与世长辞了。

1966 年 1 月，科罗廖夫在一次无关紧要的小手术中意外死在手术台上。

科罗廖夫为苏联赢得了一系列世界第一：第一艘载人飞船、第一个月球探测器、第一个金星探测器和第一个火星探测器、第一次太空行走等。

知识点

V-2 火箭

V-2 火箭是第二次世界大战时德国的弹道导弹。它是第一种超声速火箭，为现代航天运载火箭和远程导弹的先驱。1936 年开始研制，1944 年 9 月 4 日首次向巴黎发射。两天后开始袭击英国，共发射 1300 多枚。比利时几乎遭受同样沉重的打击。V-2 火箭长 47 英尺，起飞重量 2.8 至 2.9 万磅，可产生约 6 万磅推力。推进剂为酒精和液氧，有效载荷为约 2000 磅的烈性炸药，水平射程为 200 英里，最大高度通常可达 60 英里。

罗伯特·戈达德

罗伯特·戈达德，是美国最早的火箭发动机发明家，被公认为现代火箭技术之父。罗伯特·戈达德出生于美国马萨诸塞州，他从 1909 年开始进行火箭动力学方面的理论研究，3 年后点燃了一枚放在真空玻璃容器内的固体燃料火箭，证明火箭在真空中能够工作。他从 1920 年开始研究液体火箭，1926 年 3 月 16 日在马萨诸塞州沃德农场成功发射了世界上第一枚液体火箭。

美国人戈达德在他 17 岁的时候就向往火星之旅了。10 年以后戈达德认识到，唯一能达到这个目的的运载工具就是火箭。从那时起，他就决定将自己献身于火箭事业。童年的时候，戈达德就显示出对科学幻想和机械的特殊兴趣和能力。那时候他常迷恋于威尔士的科幻小说，如《星球大战》等，也醉心于阅读凡尔纳的《从地球到月球》等作品。在他的自传中，他承认这些小说大大激发了他的热情和想象。他认为，这些小说"完全抓住了我的想象力。威尔士的奇妙的真实的心理描写使事情变得十分生动，而其所提出的面对奇

迹的可能途径总是让我想个不停"。24 岁从
渥切斯特技术学院毕业后进入克拉克大学攻
读博士学位。这两所院校都在他的家乡马萨
诸塞州。1911 年他取得博士学位后留校任
教。在此期间，他认识到液氢和液氧是理想
的火箭推进剂，在随后的几年里，他进一步
确信用他的方法一定会把人类送入太空。他
在实验室里第一次证明了在真空中可存在推
力，并首先从数学上探讨包括液氧和液氢在
内的各种燃料的能量和推力与其重量的比
值。1919 年，向戈达德提供研究经费的斯密
森学会在《到达极限高度的方法》上发表了
戈达德的几份报告来阐明他的研究，开创了

罗伯特·戈达德

航天飞行和人类飞向其他行星的时代。他最先研制用液态燃料（液氧和汽油）
的火箭发动机，1925 年在他的实验室旁的小屋里，一台液体推进剂的火箭发
动机进行了静力试验，1926 年，他成功地进行了世界第一次液体火箭发动机
的飞行。在马萨诸塞州的奥本，冰雪覆盖的草原上，戈达德发射了人类历史
上第一枚液体火箭。火箭长约3.4 米，发射时重量为4.6 千克，空重为2.6 千
克。飞行延续了约2.5 秒，最大高度为12.5 米，飞行距离为56 米。这是一次
了不起的成功，它的意义正如戈达德所说："昨日的梦的确是今天的希望，也
将是明天的现实。"

　　戈达德于1929 年又发射了一枚较大的火箭，这枚火箭比第一枚飞得又快
又高，更重要的是它带有一只气压计、一只温度计和一架来拍摄飞行全过程
的照相机，这是第一枚载有仪器的火箭。1935 年发射的一枚液体火箭第一次
超过了声速；此外，他还获得火箭飞行器变轨装置和用多级火箭增大发射高
度的专利，并研制了火箭发动机燃料泵、自冷式火箭发动机和其他部件。他
设计的小推力火箭发动机是现代登月小火箭的原型，曾成功地升空到约2 千
米的高度。他一共获得过214 项专利。

　　戈达德虽然成功地发射了世界上第一枚液体火箭，但最初并没有引起美
国政府的重视和支持，所以到他逝世时美国的火箭技术还远远落后于德国。

直到 1961 年苏联宇航员加加林上天后，美国才发表了戈达德 30 年来研究液体火箭的全部报告。后来，他被誉为美国的"火箭之父"，美国宇航局的一座空间飞行中心被命名为"戈达德空间研究中心"。

但他的一生却是孤独而不被人理解的。勇敢的戈达德毫不气馁，在理论和实践上做了很多工作，向怀疑他的设想的人们表明未来的整个航天事业都将建基于火箭技术之上。他也因此当之无愧地被称为"现代火箭之父"。

▪▪▶ 知识点

液体火箭发动机

液体火箭发动机是指液体推进剂的化学火箭发动机。常用的液体氧化剂有液态氧、四氧化二氮等，燃烧剂由液氢、偏二甲肼、煤油等。氧化剂和燃烧剂必须储存在不同的储箱中。其一般由推力室、推进剂供应系统、发动机控制系统组成。推力室是将液体推进剂的化学能转变成推进力的重要组件。推进剂通过喷注器注入燃烧室，经雾化、蒸发，混合和燃烧等过成生成燃烧产物，以高速从喷管中冲出而产生推力。燃烧室内压力可达 200 大气压、温度 3000～4000 摄氏度，故需要冷却。

埃斯诺·贝尔特利

埃斯诺·贝尔特利（1881—1957），出生于巴黎。他的父亲是一位纺织机械制造商。由于受到父亲的影响，他在孩提时代就对机械问题发生了浓厚的兴趣。

大约在 1907 年，埃斯诺·贝尔特利开始进行航天学理论研究，为广泛传播航天学思想，他于 1912 年 2 月和 11 月分别在俄国的彼得堡和法国巴黎物理学会发表演讲，宣传他的航天学理论。他的演讲定性地描述了火箭的工作和飞行原理，推导出了火箭在真空中运动的方程，求出了火箭的逃逸速度 11.28 千米/秒。他又研究了月球火箭、火星火箭和金星火箭。

这篇演讲当时引起很大的震动，它同齐奥尔科夫斯基 1903 年发表的那篇论文具有同等伟大的意义。他们的这些论文被看做是航天学诞生的标志。

1957 年 12 月 6 日，埃斯诺·贝尔特利在法国去世，享年 76 岁。

赫尔曼·奥伯特

赫尔曼·奥伯特于 1894 年 6 月 25 日出生于奥匈帝国的特兰西瓦亚（现罗马尼亚赫尔曼施塔特）。在他 12 岁的时候，就因凡尔纳的《从地球到月球》的影响而迷上了星际旅行。1913 年他到慕尼黑学医学，在第一次世界大战中被征召入奥匈帝国军队当兵，中断了医学学习，但他专注于宇宙航行的基础理论研究。他阅读了所有他能找到的关于火箭和宇宙航行的著作，其中包括齐奥尔科夫斯基的著作。

1919 年他重新回到德国继续学习物理学，但是 1922 年他向海德堡大学提交的关于火箭的论文却被指是不切实际的。1923 年 6 月，他发表了那部 92 页的经典著作《飞往星际空间的火箭》（1929 年经过修改和充实改名《通向航天之路》），对早期火箭技术的发展和航天先驱者有较大影响。

1924 ~ 1938 年，奥伯特在特兰西瓦亚的一所中学里教数学和物理，但他对火箭的兴趣没有丝毫减退。当时有一部电影《月宫女郎》需要一架火箭道具，为此导演找到奥伯特，希望他能制作一个。虽然这个计划最终没有完成，但它却激发起了一批天才人物的想象力。1927 年，一批热情的支持者成立了星际航行协会。1938年他在维也纳工程军院从事火箭研究，后又在德累斯顿大学研制液体火箭的燃料泵，但他的主要兴趣在固体火箭方面。

奥伯特于 1940 年加入德国籍，1941 年到佩内明德研究中心参与 V - 2 火箭的研制工作。他的工作虽然他没有直接参与发展后来的 A - 4 火箭发动机，也就是著名的 V - 2 火箭，但 A - 4 火箭却完全是以他的理论框架为基础的。

赫尔曼·奥伯特

战后，奥伯特留在德国，并回到他的家乡住了一段时间。之后，他在瑞士任火箭技术顾问，1950 年为意大利海军研究固体推进剂防空火箭，后返回德国纽伦堡从事教学工作。1951 年，他离开德国到美国与布劳恩合作，共同为美国空间站规划努力。1955～1958 年在美国任陆军红石兵工厂的顾问期间，他写了两本书，一本是对 10 年内火箭发展的可能性做展望，另一本谈到了人类登月往返的可能性。

1958 年，他退休回德国，被选为联邦德国空间研究学会的名誉会长，但其大部分时间用来思考哲学问题，这也许是许多德国科学家的习惯。

奥伯特于 1989 年 12 月去世，享年 95 岁。

奥伯特的主要贡献是理论上的，他建立了下列条件之间的理论关系：燃料消耗、燃气消耗速度、火箭速度、发射阶段重力作用、飞行延续时间和飞行距离等。这些关系对于火箭的设计是最基本的因素。奥伯特更多地作为一个理论家，而不是一个实验家，影响了整整一代工程师。作为航天事业的奠基人之一，他受到的称赞是当之无愧的。